국가기술자격 미용사(네일) 실기시험 합격률 39.8%

"미용사(네일) 실기시험, 왜 이렇게 합격하기 어려운가요?"

〈미용사 네일 실기시험에 미치다〉는 상세한 사진과 정확하고 친절한 설명으로 꼼꼼하게 집필된 합격 비법서입니다. 본격적인 실기 과제에 들어가기 전에 알아두어야 할 네일 도구 및 기기의 사용법을 숙지할 수 있도록 하였으며 최근 출제기준과 공개문제 및 채점기준과 감점요인까지 정확하게 분석·반영하여 모든 수험생들이 확실하게 실기시험을 대비할 수 있도록 구[   ]대비할 수 있도록 했습니다.

(주)성안당과 한국미용교과교육과정연구회는 최고의 수험서로[   ]약속합니다.

KB091153

1 네일 미용에 사용되는 재료와 도구[   ]한 자세한 설명뿐만 아니라, 작업자에게 요구되는 올바른 작업 자세와 절차를 시험자의 위치에서 설명했습니다.

2 [네]일) 실기시험의 공통 요구사항 및 세부과제별 요구사항·감점요인·채점기준을 훈련 시 실제적으로 적용할 수 있도록 상세하게 제시합니다.

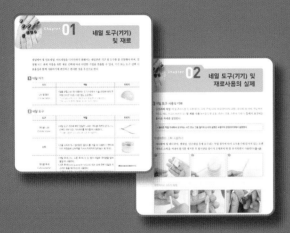

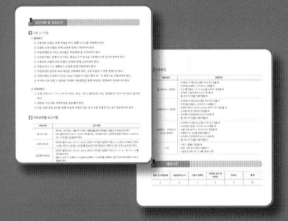

3 각 과제별로 전체 과정을 한눈에 보고 습득할 수 있도록 "한눈에 보는 시술과정"으로 정리하여 과제에 대한 이해도를 한층 높일 수 있도록 구성했습니다.

4 풍부하고 자세한 과정 사진과 정확한 설명을 통해 작업에 대한 이해도를 높였으며, 저자의 유용한 Tip을 통해 전문가의 노하우를 대방출했습니다.

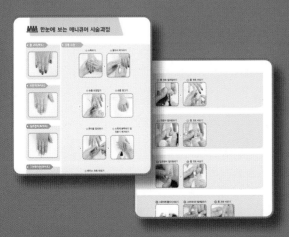

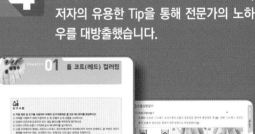

미용사 네일
실기시험에 미치다

2018. 7. 18. 초 판 1쇄 발행
2020. 1. 6. 개정 1판 1쇄 발행
2021. 1. 19. 개정 2판 1쇄 발행

지은이 | 한국미용교과교육과정연구회
펴낸이 | 이종춘
펴낸곳 | **BM** (주)도서출판 **성안당**

주소 | 04032 서울시 마포구 양화로 127 첨단빌딩 3층(출판기획 R&D 센터)
     | 10881 경기도 파주시 문발로 112 파주 출판 문화도시(제작 및 물류)

전화 | 02) 3142-0036
     | 031) 950-6300

팩스 | 031) 955-0510
등록 | 1973. 2. 1. 제406-2005-000046호
출판사 홈페이지 | **www.cyber.co.kr**
ISBN | 978-89-315-8125-6 (13590)
정가 | **22,000원**

이 책을 만든 사람들

기획 | 최옥현
진행 | 박남균
교정·교열 | 디엔터
본문·표지 디자인 | 디엔터, 박원석
홍보 | 김계향, 유미나
국제부 | 이선민, 조혜란, 김혜숙
마케팅 | 구본철, 차정욱, 나진호, 이동후, 강호묵
마케팅 지원 | 장상범, 박지연
제작 | 김유석

■ **도서 A/S 안내**

성안당에서 발행하는 모든 도서는 저자와 출판사, 그리고 독자가 함께 만들어 나갑니다.
좋은 책을 펴내기 위해 많은 노력을 기울이고 있습니다. 혹시라도 내용상의 오류나 오탈자 등이 발견되면 **"좋은 책은 나라의 보배"**로서 우리 모두가 함께 만들어 간다는 마음으로 연락주시기 바랍니다. 수정 보완하여 더 나은 책이 되도록 최선을 다하겠습니다.
성안당은 늘 독자 여러분들의 소중한 의견을 기다리고 있습니다. 좋은 의견을 보내주시는 분께는 성안당 쇼핑몰의 포인트(3,000포인트)를 적립해 드립니다.

잘못 만들어진 책이나 부록 등이 파손된 경우에는 교환해 드립니다.

미용사 네일

실기시험 에

美 미치다

(美: 아름다울 미)

한국미용교과교육과정연구회 지음

BM (주)도서출판 성안당

저자 약력

한국미용교과교육과정연구회

✱✱ 박 광 희
현) 대전과학기술대학교 뷰티디자인계열 전임교수

학력

충남대학교 대학원 동양철학 철학박사
대전대학교 대학원 동양철학 문학석사
한국방송통신대학교 교육학과 교육학사

경력

대전시교육청 인력풀 교육강사
대전 고용지원센터 직업의변화 강의
대한미용사회 대전서구지회 지회장 및 협의회장
대한미용사회 중앙회 9기 기술강사

✱✱ 이 수 연
현) 전남미용고등학교 부장교사
현) ASEAN 직업교육협력 컨설턴트
현) 전라남도 교육청 NCS 컨설팅위원

학력

광주여자대학교 미용과학과 졸업
광주여자대학교 미용교육학 석사

경력

전남미용고등학교 미용과 근무
여수해양과학고등학교 미용과 근무
NCS 자료 개발위 검토위원

✱✱ 이 해 숙
현) 서울산업정보학교 교사

학력

세종대학교 교육대학원 상담심리 석사
광주여자대학교 미용과학과 학사

경력

전문교과 프로젝트학습연구회 연구위원
학교수업혁신팀 위원
고등학교 교과서 집필 및 검토
중등교사 임용시험 출제 및 검토

✱✱ 임 현 민
현) 한국뷰티고등학교 교사

학력

광주여자대학교 미용과학과 학사
국민대학교 교육대학원 교육학 석사

경력

인정 도서(교과용) 심사위원
교원 임용고시 심사(진행 · 채점)위원
국가기술자격검정 미용사 시험 감독(관리 · 채점)위원
제주특별자치도교육청 성취평가제 컨설팅 핵심요원
개정 교육과정에 따른 전문교과 성취기준 · 성취수준 및 예시 평가도구
개발위원

수상

제주도 교육감 표창(교육활동기여)
제주도 도지사 표창(문화나눔대상)
교육부장관 표창(고등학교 직업교육 발전 유공)

✱✱ 주 강 진
현) 병천고등학교 미용과 교사

학력

광주여자대학교 미용과학과 학사
한남대학교 사회문화대학원 향장미용학과 석사

경력

교원 임용고시 심사(진행, 채점)위원
국가기술자격검정 미용사 시험 감독(관리, 채점)위원
인정도서(디자인커트, 블로우드라이, 업스타일, 헤어컬러링) 집필

수상

2012, 2013, 2015학년도 충청남도교육감 표창(전국기능경기대회 관련)

✱✱ 최 명 옥
현) 인천뷰티예술고등학교 교사

학력

광주여자대학교 미용과학 학사

경력

인천생활과학고등학교
인천산업정보학교
NCS 학습모듈 검토위원

들어가면서

2015년 '손톱 및 가시'로 시작된 미용사(네일)의 검정형 과제는 모든 수험생들의 교육과 훈련을 지원하기 위해서 과제 내용의 엄격성에 따른 수험자의 특성과 현장에서의 적용을 고려하는 적절성의 관점에서 집필하고자 하였다. 이는 집필 내용의 질적 수준을 높이기 위한 노력이다. 네일 도구(기구) 및 재료 실제에 따른 사용의 실제로서 매니큐어, 패디큐어, 젤 매니큐어, 인조네일, 인조네일 제거 등 주요항목을 중심으로 서술하였다. 서술된 주요항목 4개(4과제)에 세부항목 14개(14과제)에 대해 과목별로 그림, 사진 등을 제시하여 높은 수준의 사고기능과 핵심개념을 체계화시키고자 했다.

검정형 과제는 주요항목 작업을 '행함'으로써 연습과 훈련과정에서 절차를 사용한다. 따라서, 미용사(네일) 실기는 시행처인 한국산업인력공단에서 제공한 출제 기준표를 충실히 제시하였다. 수험자는 이 책의 첫 장에서 끝나는 장까지 서술된 내용을 상호관련성 속에서 전체적 구조와 연계하여 탐구하여야 한다. 수험자가 이해한 내용을 실행으로 옮길 때 누구든 감독관이 요구하는 채점기준을 거뜬히 충족시키며 합격할 수 있다.

본서는 다음과 같은 4가지의 특징으로 이루어져 있다.

첫째, 네일 도구(기기) 및 재료의 실제인 '사용하기'를 통해 올바른 작업자세에서 요구되는 사진 또는 그림 절차와 순서의 설명을 시험자의 위치에서 설명하였다.

둘째, 각 과제별로 전체 과정을 한눈에 보이도록 패턴화하여 제시함으로써 훈련의 기반을 마련하였다.

셋째, 공통 요구사항과 과제별 세부 요구사항 및 감점요인(수험자 유의사항)에 따른 채점기준을 세부과제별로 상세하게 제시함으로써, 연습과 훈련 시 실제적으로 적용할 수 있도록 하였다.

넷째, 작업과정의 전문용어는 산업현장의 수월성에 따라 NCS 학습모듈과 동일하게 체계화하고자 하였다. 본문 내용에 첨부되는 TIP에는 과제개요 작업과정에 따른 프리퍼레이션, 주의, 정리해 보기 등으로 핵심이 요약되어 있다.

이 책은 학교와 산업현장에서 다년간 근무한 교사 6명이 후학들의 위해 수험자의 입장에 서서 서술하고자 하였다. 따라서 저자들은 모든 수험자가 본 교재를 세부과제별로 낱낱이 분석하여 네일 검정형 실기시험에 적용한다면 고득점으로 합격의 영광을 누릴 수 있을 것임을 확신한다.

저자 일동

차례

네일실기총론

제 1-1과제

매니큐어

국가직무능력표준(NCS) 기반 네일

💬 국가직무능력표준(NCS)

NCS란 산업현장에서 직무를 행하기 위해 요구되는 지식·기술·태도 등의 내용을 국가가 산업부문별, 수준별로 체계화한 것으로, 산업현장의 직무를 성공적으로 수행하기 위해 필요한 능력(지식·기술·태도)을 국가적 차원에서 표준화한 것을 의미한다.

💬 NCS 학습모듈

NCS가 현장의 직무 요구서라고 한다면, NCS 학습모듈은 NCS의 능력단위를 교육훈련에서 학습할 수 있도록 구성한 교수·학습 자료이다. NCS 학습모듈은 구체적 직무를 학습할 수 있도록 이론 및 실습과 관련된 내용을 상세하게 제시하고 있다.

💬 '네일미용' NCS 학습모듈 둘러보기

1. NCS '네일미용' 직무 정의

   네일미용은 네일에 관한 이론과 기술을 바탕으로 건강하고 아름다운 네일을 유지·보호하기 위해 네일미용 기구와 제품을 활용하여 자연네일 관리, 인조네일 관리, 네일아트 기법 등의 서비스를 고객에게 제공하는 일이다.

2. '네일미용' NCS 학습모듈 검색

분류체계				NCS 학습모듈
대분류 이용·숙박·여행·오락·스포츠 ▶	**중분류** 이·미용 ▶	**소분류** 이·미용서비스 ▶	**세분류(직무)** 네일미용 ▶	1. 네일 화장물 제거 2. 랩 네일 3. 젤 네일 4. 아크릴 네일 5. 네일미용 위생서비스 6. 네일미용 고객서비스 7. 네일 화장물 적용 전 처리 8. 네일 화장물 적용 마무리 9. 네일 기본관리 10. 네일 컬러링 11. 팁 위드 파우더 12. 자연 네일 보강 13. 팁 위드 랩 14. 팁 위드 아크릴 15. 팁 위드 젤 16. 디자인 스컬프처 네일 17. 네일 장식물 활용 18. 기초 핸드페인팅 아트

National Competency Standards

분류체계	NCS 학습모듈

대분류
이용 · 숙박 · 여행 · 오락 · 스포츠
▶
중분류
이 · 미용
▶
소분류
이 · 미용 서비스
▶
세분류(직무)
네일미용
▶

3. NCS 능력단위

순번	분류번호	능력단위명	수준	변경이력	미리보기	선택
1	1201010402_17v4	네일 화장물 제거	2	변경이력	미리보기	☐
2	1201010405_17v4	랩 네일	3	변경이력	미리보기	☐
3	1201010406_17v4	젤 네일	3	변경이력	미리보기	☐
4	1201010407_17v4	아크릴 네일	3	변경이력	미리보기	☐
5	1201010411_17v4	네일미용 위생서비스	2	변경이력	미리보기	☐

4. NCS 학습모듈

순번	학습모듈명	분류번호	능력단위명	첨부파일	이전 학습모듈
1	네일 화장물 제거	LM1201010402_17v4	네일 화장물 제거	PDF	이력보기
2	랩 네일	LM1201010405_17v4	랩 네일	PDF	이력보기
3	젤 네일	LM1201010406_17v4	젤 네일	PDF	이력보기
4	아크릴 네일	LM1201010407_17v4	아크릴 네일	PDF	이력보기
5	네일미용 위생서비스	LM1201010411_17v4	네일미용 위생서비스	PDF	이력보기

미용사(네일) 실기시험 안내

💬 개요

네일미용에 관한 숙련기능을 가지고 현장업무를 수행할 수 있는 능력을 가진 전문기능인력을 양성하고자 자격제도를 제정하였다.

💬 수행 직무

손톱·발톱을 건강하고 아름답게 하기 위하여 적절한 관리법과 기기 및 제품을 사용하여 네일미용 업무를 수행한다.

💬 진로 및 전망

네일미용사, 미용강사, 화장물 관련 연구기관 취업, 네일 미용업 창업, 유학 등

💬 시험 수수료

① 필기 : 14,500원

② 실기 : 17,200원

미용사(네일) 실기시험 출제기준

직무 분야	이용 · 숙박 · 여행 · 오락 · 스포츠	중직무 분야	이용 · 미용	자격 종목	미용사 (네일)	적용 기간	2021. 1. 1. ~ 2021. 12. 31.

직무내용 : 네일에 관한 이론과 기술을 바탕으로 고객의 건강하고 아름다운 네일을 유지 · 보호하고 다양한 기능과 아트
기법을 수행하여 고객에게 서비스를 제공하는 직무

수행준거 : 1. 네일샵 위생관리 및 손톱, 발톱관리의 기본을 알고 작업할 수 있다.
2. 컬러링의 기본을 알고 작업할 수 있다.
3. 스컬프처의 기본을 알고 작업할 수 있다.
4. 팁 네일의 기본을 알고 작업할 수 있다.
5. 인조손톱을 제거할 수 있다.

실기검정방법	작업형	시험시간	2시간 30분 정도

주요항목	세부항목	세세항목
1. 네일샵 위생	1. 미용 기구 소독하기	1. 기구유형에 따라 효율적인 소독방법을 결정할 수 있다. 2. 소독방법에 따라 네일 미용 기기를 소독할 수 있다. 3. 소독방법에 따라 네일 작업용 도구를 소독할 수 있다. 4. 소독방법에 따라 네일 미용 용품을 소독할 수 있다. 5. 위생점검표에 따라 소독상태를 점검할 수 있다. 6. 위생점검표에 따라 기기를 정리정돈할 수 있다.
	2. 손·발 소독하기	1. 위생지침에 따라 소독 절차를 파악할 수 있다. 2. 소독제품의 특성에 따라 소독방법을 선정할 수 있다. 3. 소독방법에 따라 작업자의 손·발을 소독할 수 있다. 4. 소독방법에 따라 고객의 손·발을 소독할 수 있다.
2. 네일화장물 제거	1. 파일 사용하기	1. 고객의 작업유형을 파악할 수 있다. 2. 기작업된 화장물의 유형에 따라 파일을 선택할 수 있다. 3. 고객의 네일 상태에 따라 파일의 사용방법을 결정할 수 있다. 4. 화장물의 제거 상태에 따라 파일을 재선택할 수 있다.
	2. 용매제 사용하기	1. 고객관리대장에 따라 고객의 작업유형을 파악할 수 있다. 2. 기작업된 화장물의 유형에 따라 용매제를 선택할 수 있다. 3. 화장물의 용해 정도에 따라 제거 상태를 확인할 수 있다. 4. 화장물의 용해 정도에 따라 적합한 제거용 도구를 선택할 수 있다.
	3. 제거 마무리하기	1. 작업 상황에 따라 화장물의 완전 제거 상태를 확인할 수 있다. 2. 고객의 요구에 따라 모양과 길이에 맞게 마무리할 수 있다. 3. 고객의 요구에 따라 네일 표면을 매끄럽게 정리할 수 있다. 4. 고객의 네일 상태에 따라 네일 강화제를 도포할 수 있다. 5. 화장물 처리 매뉴얼에 따라 제거 시 배출된 잔여물들을 처리할 수 있다.

주요항목	세부항목	세세항목
3. 네일 기본 관리	1. 프리에지 모양 만들기	1. 작업 매뉴얼에 따라 네일 파일을 사용할 수 있다. 2. 고객의 요구에 따라 프리에지 모양을 만들 수 있다. 3. 네일 상태에 따라 표면을 정리할 수 있다. 4. 프리에지 밑 거스러미를 제거할 수 있다.
	2. 큐티클 정리하기	1. 작업 매뉴얼에 따라 핑거볼에 손 담그기를 할 수 있다. 2. 작업 매뉴얼에 따라 족욕기에 발 담그기를 할 수 있다. 3. 고객의 큐티클 상태에 따라 유연제를 선택하여 사용할 수 있다. 4. 작업 순서에 따라 도구를 선택할 수 있다. 5. 고객의 큐티클의 상태에 따라 큐티클을 정리할 수 있다.
	3. 컬러링하기	1. 고객의 요구에 따라 폴리시 색상의 침착을 막기 위한 베이스 코트를 아주 얇게 도포할 수 있다. 2. 고객의 요구에 따라 컬러링 방법을 선정하고 폴리시를 도포할 수 있다. 3. 작업 매뉴얼에 따라 폴리시를 얼룩 없이 균일하게 도포할 수 있다. 4. 작업 매뉴얼에 따라 젤 폴리시를 얼룩 없이 균일하게 도포할 수 있다. 5. 작업 매뉴얼에 따라 젤 폴리시 작업 시 UV 램프를 사용할 수 있다. 6. 작업 매뉴얼에 따라 폴리시 도포 후 컬러 보호와 광택 부여를 위한 톱 코트를 바를 수 있다.
	4. 마무리하기	1. 계절에 따라 냉온 타월로 손발의 유분기를 제거할 수 있다. 2. 작업 방법에 따라 네일과 네일 주변의 유분기를 제거할 수 있다. 3. 보습제의 선택 기준에 따라 제품을 선택하여 손·발에 보습제를 도포할 수 있다. 4. 사용한 제품의 정리정돈을 할 수 있다.
4. 네일 팁	1. 네일 전처리하기	1. 작업 매뉴얼에 따라 작업에 적합한 네일 길이 및 모양을 만들 수 있다. 2. 네일 상태에 따라 표면정리를 통하여 제품의 밀착력을 높일 수 있다. 3. 작업 매뉴얼에 따라 네일과 네일 주변의 각질·거스러미를 정리할 수 있다. 4. 작업 매뉴얼에 따라 접착력을 높이기 위하여 전처리제를 도포할 수 있다.
	2. 네일 팁 접착하기	1. 고객 네일 크기에 따라 정확한 팁 크기를 선택할 수 있다. 2. 작업 매뉴얼에 따라 공기가 들어가지 않도록 팁을 접착할 수 있다. 3. 고객의 손 모양에 따라 팁의 방향이 비틀어지지 않게 접착할 수 있다. 4. 고객에 요구에 따라 팁을 적당한 길이로 자를 수 있다.
	3. 네일 팁 표면 정리하기	1. 작업 매뉴얼에 따라 네일의 손상 없이 내추럴 팁 턱을 정리할 수 있다. 2. 작업 매뉴얼에 따라 컬러 팁 표면을 정리할 수 있다. 3. 접착된 팁의 종류에 따라 파일링 방법을 선택할 수 있다. 4. 네일 주변의 잔여물을 정리할 수 있다. 5. 굴곡진 표면을 매끄럽게 채울 수 있다.

주요항목	세부항목	세세항목
4. 네일 팁	4. 오버레이하기	1. 랩을 사용하여 오버레이를 할 수 있다. 2. 아크릴릭 네일 제품을 사용하여 오버레이를 할 수 있다. 3. 젤을 사용하여 오버레이를 할 수 있다. 4. 제품의 종류에 따라 오버레이 방법을 활용할 수 있다. 5. 경화 방법에 따라 적정한 경화 유형을 선택할 수 있다.
	5. 마무리하기	1. 작업 매뉴얼에 따라 인조 네일 표면을 인조 네일 구조에 맞추어 파일링 할 수 있다. 2. 고객의 요구에 따라 모양과 길이에 맞게 마무리할 수 있다. 3. 작업 매뉴얼에 따라 인조네일 표면을 매끄럽게 파일링할 수 있다. 4. 작업 매뉴얼에 따라 마무리를 위해 큐티클 오일을 바를 수 있다. 5. 작업 매뉴얼에 따라 광택으로 마무리할 수 있다. 6. 작업 매뉴얼에 따라 광택 후 컬러링으로 마무리할 수 있다.
5. 네일 랩	1. 네일 전처리하기	1. 작업 매뉴얼에 따라 작업에 적합한 네일 길이 및 모양을 만들 수 있다. 2. 네일 상태에 따라 표면정리를 통하여 제품의 밀착력을 높일 수 있다. 3. 네일 랩의 접착력을 높이기 위해 전처리제를 도포할 수 있다.
	2. 네일 랩핑하기	1. 고객 네일 크기에 따라 정확하게 랩을 재단할 수 있다. 2. 작업 매뉴얼에 따라 공기가 들어가지 않도록 랩을 접착할 수 있다. 3. 네일 상태에 따라 보강제를 선택하여 도포할 수 있다. 4. 작업 매뉴얼에 따라 표면정리를 할 수 있다.
	3. 네일 연장하기	1. 고객 네일 크기에 따라 정확하게 랩을 재단할 수 있다. 2. 작업 매뉴얼에 따라 공기가 들어가지 않도록 랩을 접착할 수 있다. 3. 네일 상태에 따라 보강제를 선택하여 도포할 수 있다. 4. 고객의 요구에 따라 네일의 길이를 연장할 수 있다. 5. 고객의 요구에 따라 프리에지의 모양을 만들 수 있다. 6. 작업 매뉴얼에 따라 표면정리를 할 수 있다.
	4. 마무리하기	1. 작업 매뉴얼에 따라 인조네일 표면을 인조네일 구조에 맞추어 파일링 할 수 있다. 2. 고객의 요구에 따라 프리에지의 모양과 길이를 맞게 마무리할 수 있다. 3. 작업 매뉴얼에 따라 인조네일 표면을 매끄럽게 파일링할 수 있다. 4. 작업 매뉴얼에 따라 마무리를 위해 큐티클 오일을 바를 수 있다. 5. 작업 매뉴얼에 따라 광택으로 마무리할 수 있다. 6. 작업 매뉴얼에 따라 광택 후 컬러링으로 마무리할 수 있다.
6. 젤 네일	1. 네일 전처리하기	1. 작업 매뉴얼에 따라 작업에 적합한 네일 길이 및 모양을 만들 수 있다. 2. 네일 상태에 따라 표면정리를 통하여 제품의 밀착력을 높일 수 있다. 3. 작업 매뉴얼에 따라 네일과 네일 주변의 거스러미를 정리할 수 있다. 4. 작업 매뉴얼에 따라 접착력을 높이기 위하여 전처리제를 도포할 수 있다.

주요항목	세부항목	세세항목
	2. 네일 폼 적용하기	1. 작업 매뉴얼에 따라 네일과 폼 사이에 틈이 없도록 폼을 끼울 수 있다. 2. 고객의 손 상태에 따라 손 전체의 균형과 방향을 고려하여 폼을 끼울 수 있다. 3. 작업 매뉴얼에 따라 수평이 되도록 정확하게 폼을 끼울 수 있다 4. 조형된 인조네일의 손상 없이 네일 폼을 제거할 수 있다.
	3. 젤 적용하기	1. 제품 설명서에 따라 젤 제품 전체의 사용법을 파악할 수 있다. 2. 제품 사용법에 따라 젤 작업을 수행할 수 있다. 3. 고객의 손톱 상태에 따라서 젤 작업 방법을 선택할 수 있다. 4. 고객의 요청에 따라 네일 위에 보강하거나 원톤 스칼프처, 프렌치 스칼프처, 디자인 스칼프처를 작업할 수 있다. 5. 작업 매뉴얼에 따라 젤을 적절하게 적용할 수 있다. 6. 작업 매뉴얼에 따라 정확한 각도와 방법으로 젤 브러시를 사용할 수 있다. 7. 고객의 네일 형태에 따라 인조네일의 모양을 보정할 수 있다. 8. 젤 램프 기기를 이용하여 인조네일을 경화할 수 있다.
	4. 마무리하기	1. 작업 매뉴얼에 따라 미경화된 잔류 젤을 젤 클렌저를 사용하여 제거할 수 있다. 2. 작업 매뉴얼에 따라 인조네일 표면을 인조네일 구조에 맞추어 파일링할 수 있다. 3. 고객의 요구에 따라 모양과 길이에 맞게 마무리할 수 있다. 4. 작업 매뉴얼에 따라 인조네일 표면을 매끄럽게 파일링할 수 있다. 5. 작업 매뉴얼에 따라 마무리를 위해 톱 젤을 도포할 수 있다. 6. 작업 매뉴얼에 따라 마무리를 위해 큐티클 오일을 바를 수 있다.
7. 아크릴릭 네일	1. 네일 전처리하기	1. 작업 매뉴얼에 따라 작업에 적합한 네일 길이 및 모양을 만들 수 있다. 2. 네일 상태에 따라 표면정리를 통하여 제품의 밀착력을 높일 수 있다. 3. 작업 매뉴얼에 따라 네일과 네일 주변의 각질·거스러미를 정리할 수 있다. 4. 작업 매뉴얼에 따라 접착력을 높이기 위하여 전처리제를 도포할 수 있다.
	2.. 네일 폼 적용하기	1. 작업 매뉴얼에 따라 네일과 폼 사이에 틈이 없도록 폼을 끼울 수 있다. 2. 고객의 손 상태에 따라 손 전체의 균형과 방향을 고려하여 폼을 끼울 수 있다. 3. 작업 매뉴얼에 따라 수평이 되도록 정확하게 폼을 끼울 수 있다. 4. 조형된 인조네일의 손상 없이 네일 폼을 제거할 수 있다.

주요항목	세부항목	세세항목
	3. 아크릴릭 적용하기	1. 제품설명서에 따라 아크릴릭 제품 전체의 사용법을 파악할 수 있다. 2. 제품 사용법에 따라 아크릴릭 작업을 수행할 수 있다. 3. 작업 매뉴얼에 따라 모노머와 폴리머를 적절하게 혼합할 수 있다. 4. 작업 매뉴얼에 따라 정확한 각도와 방법으로 아크릴 브러시를 사용할 수 있다. 5. 고객의 손톱 상태에 따라서 작업 방법을 선택할 수 있다. 6. 고객의 요청에 따라 네일 위에 보강하거나 원톤 스칼프처, 내추럴 스칼프처, 프렌치 스칼프처, 디자인 스칼프처를 선택하여 작업할 수 있다. 7. 고객의 네일 형태에 따라 인조네일의 모양을 보정할 수 있다.
	4. 마무리하기	1. 작업 매뉴얼에 따라 인조네일 표면을 네일 구조에 맞추어 파일링할 수 있다. 2. 고객의 요구에 따라 모양과 길이에 맞게 마무리할 수 있다. 3. 작업 매뉴얼에 따라 인조네일 표면을 매끄럽게 파일링할 수 있다. 4. 작업 매뉴얼에 따라 마무리를 위해 큐티클 오일을 바를 수 있다. 5. 작업 매뉴얼에 따라 광택으로 마무리할 수 있다.
8. 평면 네일아트	1. 평면 액세서리 활용하기	1. 디자인에 따라 다양한 평면접착 액세서리를 사용할 수 있다. 2. 필름을 접착제를 사용하여 원하는 위치에 부착할 수 있다. 3. 필름을 네일 전체 또는 부분적으로 디자인할 수 있다. 4. 스티커의 접착력을 이용하여 원하는 위치에 디자인할 수 있다. 5. 다양한 종류의 스티커를 혼합하여 디자인할 수 있다. 6. 톱 코트를 사용하여 스티커아트의 지속성을 높여줄 수 있다.
	2. 폴리시 아트하기	1. 폴리시의 화학적 성질을 사용하여 디자인할 수 있다. 2. 네일 미용 도구를 사용하여 다양한 색상의 폴리시를 혼합하여 작업할 수 있다. 3. 페인팅 브러시를 사용하여 다양한 색상의 폴리시를 조화롭게 디자인할 수 있다. 4. 폴리시 성분이 물과 분리되는 성질을 이용하여 워터마블 기법을 시행할 수 있다. 5. 톱 코트를 사용하여 폴리시 아트의 지속성을 높일 수 있다.

미용사(네일) 실기시험 과제 안내

과제유형	제1과제(60분)		제2과제(35분)	제3과제(40분)	제4과제(15분)
	매니큐어 및 페디큐어		젤 매니큐어	인조네일	인조네일 제거
셰이프	라운드 셰이프 (매니큐어)	스퀘어 셰이프 (페디큐어)	라운드 셰이프	스퀘어 셰이프	3과제 선택된 인조네일 제거
대상부위	오른손 1~5지 손톱	오른발 1~5지 발톱	왼손 1~5지 손톱	오른손 3, 4지 손톱	오른손 3지 손톱
세부과제	① 풀 코트 레드	① 풀 코트 레드	① 선 마블링	① 내추럴 팁 위드 랩	인조네일 제거
	② 프렌치 – 스마일 라인 넓이 0.3~0.5cm	② 딥프렌치		② 젤 원톤 스컬프처	
	③ 딥프렌치 – 스마일 라인 폭 손톱 전체 길이의 1/2 이상 시술	③ 그라데이션	② 부채꼴 마블링	③ 아크릴 프렌치 스컬프처	
				④ 네일랩 익스텐션	
	④ 그라데이션 화이트			프리에지 두께 0.5~1mm 미만	
배점	20	20	20	30	10

※ 총 4과제로 시험 당일 각 과제가 랜덤 선정되는 방식으로 아래와 같이 선정됩니다.
  1과제 : 매니큐어 ①~④ 과제 중 1과제 선정, 페디큐어 ①~③ 과제 중 1과제 선정
  2과제 : 젤 매니큐어 ①, ② 과제 중 1과제 선정
  3과제 : 인조네일 ①~④ 과제 중 1과제 선정
  4과제 : 3과제 시 선정된 인조네일 제거

※ 각 과제 작업 종료 후 다음 과제를 위한 준비시간이 부여됩니다.
※ 인조네일 과제의 프리에지 C-커브는 원형의 20~40%의 비율까지 허용됨을 참고하시기 바랍니다(인조네일 과제의 길이
  : 프리에지 중심 기준으로 0.5~1㎝ 미만).

수험자 지참 재료 목록

번호	지참 공구명	규격	단위	수량	비고
1	모델		명	1	모델기준 참조
2	위생 가운		개	1	흰색, 작업자용 (1회용 가운 불가)
3	보안경(투명한 렌즈)		개	2	안경으로 대체 가능 (3교시에 착용)
4	마스크(흰색)		개	각 1	모델, 수험자
5	손목 받침대 또는 타월(흰색)	40×80cm 내외 정도	개	1	흰색, 손목 받침용
6	타월(흰색)	40×80cm 내외 정도	개	1	작업대 세팅용
7	소독제	액상 또는 젤	개	1	도구, 피부 소독용
8	소독 용기		개	1	도구, 피부 소독용
9	탈지면 용기		개	1	뚜껑이 있는 용기
10	위생봉지(투명비닐)		개	1	쓰레기 처리용 (투명비닐)
11	페이퍼타월		개	1	흰색
12	핑거볼		개	1	
13	큐티클 푸셔		개	1	스테인리스스틸
14	큐티클 니퍼		개	1	스테인리스스틸
15	클리퍼		개	1	스테인리스스틸
16	인조손톱용 파일		개	1	미사용품
17	샌딩 파일		개	1	미사용품
18	광택용 파일		개	1	미사용품
19	더스트 브러시		개	1	네일용
20	분무기		개	1	페디큐어용
21	토우세퍼레이터		개	1	발가락 끼우개용
22	아크릴브러시	8~10호 정도	개	1	본인 필요 수량
23	아트용 세필브러시		개	1	본인 필요 수량
24	젤램프기기		개	1	젤 네일 경화용 (UV 또는 LED 등)
25	팁 커터		개	1	
26	탈지면(화장솜)		개	1	소독용 솜
27	큐티클 오일		개	1	
28	지혈제		개	1	소독용
29	실크가위		개	1	
30	디펜디쉬		개	1	아크릴 스컬프처용

번호	지참 공구명	규격	단위	수량	비고
31	큐티클 연화제		개	1	큐티클 오일 또는 큐티클 크림 또는 큐티클 리무버 등
32	베이스 코트		개	1	네일용
33	톱 코트		개	1	네일용
34	네일 폴리시(빨간색)		개	1	네일용
35	네일 폴리시(흰색)		개	1	네일용
36	폴리시 리무버		개	1	디스펜서 가능
37	네일용 글루		개	1	투명
38	네일용 젤글루		개	1	투명
39	글루 드라이어		개	1	글루 엑티베이터
40	필러파우더		개	1	파우더형
41	네일 팁	웰선이 있는 형	개	1	내추럴 하프웰팁(스퀘어)
42	실크		개	1	재단하지 않은 상태
43	아크릴릭 리퀴드		개	1	
44	아크릴릭 파우더 (투명 또는 핑크)		개	1	
45	아크릴릭 파우더 (흰색)		개	1	
46	네일폼		개	1	재단하지 않은 상태
47	젤(투명)	하드 젤 또는 소프트 젤	개	1	스컬프처용
48	젤 클렌저		개	1	젤 네일용
49	베이스 젤		개	1	젤 네일용
50	톱 젤		개	1	젤 네일용
51	젤 네일 폴리시(빨간색)	통젤 제외	개	1	젤 네일용
52	젤 네일 폴리시(흰색)	통젤 제외	개	1	젤 네일용
53	젤 브러시		개	1	젤 오버레이용
54	정리함(바구니)	20×30cm 이상 정도	개	1	흰색, 도구 및 재료 수납용
55	스펀지		개	필요량	그라데이션용
56	오렌지우드 스틱		개	필요량	
57	멸균거즈		개	필요량	네일관리용
58	보온병(미온수 포함)		개	1	매니·페디큐어용
59	쏙 오프 전용 리무버		개	1	

번호	지참 공구명	규격	단위	수량	비고
60	포일	8×8cm 이하 정도	개	필요량	쏙 오프용
61	자연손톱용 파일		개	1	미사용품

※ 각 재료 및 도구의 이미지 및 사용방법 등은 네일실기총론 파트에서 확인

※ 타월류의 경우는 비슷한 크기이면 가능합니다.

※ 네일 전처리제(프라이머, 프리프라이머)는 추가 지참이 가능합니다.

※ 핀칭 집게, 붓 거치대는 지참이 불가합니다.

※ 폴리시·쏙 오프 전용 리무버, 젤 클렌저, 소독제를 제외한 주요 화장품을 덜어서 가져오시면 안 됩니다.

※ 네일 파일류는 폐기대상이 아닙니다.

전 과제 공통 유의사항

다음 사항을 준수하여 실기시험에 임하여 주십시오. 만약 다음 사항을 지키지 않을 경우, 시험장의 입실 및 수험에 제한을 받는 불이익이 발생할 수 있다는 점 인지하여 주시고, 시험위원의 지시가 있을 경우, 다소 불편함이 있더라도 적극 협조하여 주시기 바랍니다.

1. 수험자와 모델은 시험위원의 지시에 따라야 하며, 지정된 시간에 시험장에 입실해야 합니다.
2. 수험자는 수험표 및 신분증(본인임을 확인할 수 있는 사진이 부착된 증명서)을 지참해야 합니다.
3. 수험자는 반드시 반팔 또는 긴팔 흰색 위생복(1회용 가운 제외), 마스크(흰색), 긴 바지(색상, 소재 무관)를 착용하여야 하며, 복장에 소속을 나타내거나 암시하는 표식이 없어야 합니다.
4. 수험자 및 모델(사전 컬러링을 제외한)은 눈에 보이는 표식(네일 컬러링(자연손톱색 외), 디자인, 손톱장식 등)이 없어야 하며, 표식이 될 수 있는 액세서리(반지, 시계, 팔찌, 발찌, 목걸이, 귀걸이 등)를 착용할 수 없습니다.
5. 수험자 및 모델이 머리카락 고정용품(머리핀, 머리띠, 머리망, 고무줄 등)을 착용할 경우 검은색만 허용합니다.
6. 수험자는 시험 중에 관리상 필요한 이동을 제외하고 지정된 자리를 이탈하거나 모델 또는 다른 수험자와 대화할 수 없습니다.
7. 과제별 시험 시작 전 준비시간에 해당 시험 과제의 모든 준비물을 정리함(흰색 바구니)에 담아 세팅하여야 하며, 시험 중에는 도구 또는 재료를 꺼낼 수 없습니다.
8. 지참하는 준비물은 시중에서 판매되는 제품이면 무방하며, 브랜드를 따로 지정하지 않습니다.
9. 수험자가 도구 또는 재료에 구별을 위해 표식(스티커 등)을 만들어 붙일 수 없습니다.
10. 수험자는 위생봉투(투명비닐)를 준비하여 쓰레기봉투로 사용할 수 있도록 작업대에 부착합니다.
11. 수험자 또는 모델은 스톱워치나 핸드폰을 사용할 수 없습니다.
12. 시험 종료 후 소독제, 폴리시 리무버 등의 용액은 반드시 다시 가져가야 합니다(쓰레기통이나 화장실에 버릴 수 없습니다).
13. 수험자와 모델은 보안경 또는 안경(무색, 투명)을 지참하며 필요한 작업 시 착용해야 합니다.

14. 모델은 만 14세 이상의 신체 건강한 남, 여(연도기준)로 아래의 조건에 해당하지 않아야 합니다.

    ① 자연손 · 발톱이 열 개가 아니거나 열 개를 다 사용할 수 없는 자

    ② 손 · 발톱 미용에 제한을 받는 손 · 발톱질환을 가진 자

    ③ 호흡기 질환, 민감성 피부, 알레르기 등이 있는 자

    ④ 임신 중인 자

    ⑤ 정신질환자

    ※ 수험자가 동반한 모델도 신분증을 지참하여야 하며, 공단에서 지정한 신분증을 지참하지 않은 경우, 모델로 시험에 참여가 불가합니다.

15. 모델은 마스크(흰색) 및 긴바지(색상, 소재 무관, 흰색 무지 상의(소재 무관, 남방류 및 니트류 허용, 유색 무늬 불가, 아이보리색 등 포함 유색 불가)를 착용해야 합니다.

16. 모델의 손 · 발톱 상태는 자연손 · 발톱 그대로여야 하며 손 · 발톱이 보수되어 있을 경우 오른손, 왼손, 오른발 각 부위별 2개까지 허용하여 자연손톱 상태로 길이 연장 등도 가능합니다(단, 오른손 3, 4지는 제외).

17. 모델의 오른손 · 발 1~5지의 손 · 발톱은 큐티클 정리가 충분히 가능한 상태로, 오른손 1~5지의 손톱은 스퀘어 또는 스퀘어 오프형으로 사전 준비되어야 하고, 오른발 1~5지 발톱은 라운드 또는 스퀘어 오프형으로 사전 준비되어야 하며, 오른손 1~5지와 오른발 1~5지의 손 · 발톱은 펄이 미함유된 빨간색 네일 폴리시가 사전에 완전히 건조된 상태로 2회 이상 풀 코트로 사전에 도포되어 있어야 합니다.

18. 2과제 젤 매니큐어 과제는 습식케어가 생략되므로 모델의 왼손 1~5지 손톱은 큐티클 정리 등의 사전 준비 작업이 미리 되어 있어야 하며 손톱 프리에지 형태는 스퀘어 또는 오프 스퀘어형이어야 합니다.

19. 1과제 페디큐어 시 분무기를 이용하여 습식케어를 하며, 신체의 손상이 있는 등 불가피한 경우, 왼발로 대체 가능합니다.

20. 1과제 매니큐어 작업(30분) 종료 후 감독위원의 지시에 따라 모델은 작업대 위에 앉은 후 의자에 앉아있는 수험자의 무릎에 작업대상 발을 올리는 자세로 페디큐어 작업(30분)을 할 수 있도록 준비해야 합니다.

21. 작업 시 사용되는 일회용 재료 및 도구는 반드시 새것을 사용하고, 과제 시작 전 사용에 적합한 상태를 유지하도록 미리 준비합니다.

    ※ 폴리시·쏙 오프 전용 리무버, 젤 클렌저, 소독제를 제외한 주요 화장품을 덜어서 가져오면 안 됩니다.

    ※ 네일 파일류는 폐기대상에서 제외됩니다.

22. 출혈이 있는 경우 소독된 탈지면이나 거즈 등으로 출혈 부위를 소독해야 합니다.

23. 작업 시 네일 주변 피부에 잔여물이 묻지 않도록 하여야 하며, 손·발 및 네일 표면과 네일 아래의 거스러미, 분진 먼지, 불필요한 오일 등은 깨끗이 제거되어야 합니다.

24. 제시된 시험시간 안에 모든 작업과 마무리 및 주변 정리정돈을 끝내야 하며, 시험시간을 초과하여 작업하는 경우는 해당 과제를 0점 처리합니다.

25. 1과제 종료 후 2과제 시작 전 준비 시간에 기작업된 1과제 페디큐어 작업분을 변형 혹은 제거해야 합니다.

26. 2과제 종료 후 3과제 준비 시간 전에 시험위원의 지시에 따라 인조네일 4가지 유형 중 선정된 1가지 과제의 재료만을 3과제 시작 전 미리 작업대에 준비해야 합니다.

27. 시험 종료 후 시험위원의 지시에 따라 왼손 1-5지 손톱에 기작업된 2과제 젤 매니큐어 작업분과 4과제 인조네일 제거 시 제거하지 않은 오른손 3지 또는 4지 손톱의 작업분을 변형 혹은 제거한 후 퇴실하여야 합니다.

28. 작업에 필요한 각종 도구를 바닥에 떨어뜨리는 일이 없도록 하여야 하고, 네일 글루 등을 조심성 있게 다루어 안전사고가 발생되지 않도록 주의해야 합니다. 특히 큐티클 정리 시 사용 도구(큐티클 니퍼와 푸셔 등)를 적합한 자세와 안전한 방법으로 사용해야 하며, 멸균거즈를 보조 용구로 사용할 수 있습니다.

29. 채점 대상 제외 사항

    ① 시험의 전체 과정을 응시하지 않은 경우

    ② 시험 도중 시험장을 무단이탈하는 경우

③ 부정한 방법으로 타인의 도움을 받거나 타인의 시험을 방해하는 경우

④ 무단으로 모델을 수험자 간에 교환하는 경우

⑤ 국가자격검정 규정에 위배되는 부정행위 등을 하는 경우

⑥ 수험자가 위생복을 착용하지 않은 경우

⑦ 수험자 유의사항 내의 모델 조건에 부적합한 경우

30. 시험 응시 제외 사항

① 모델을 데려오지 않은 경우

31. 득점 외 별도 감점 사항

① 수험자 및 모델의 복장 상태 및 마스크 착용, 모델의 손톱·발톱 사전준비 상태 등 어느 하나라도 미준비하거나 사전준비 작업이 미흡한 경우

② 작업 시 출혈이 있는 경우

③ 필요한 기구 및 재료 등을 시험 도중에 꺼내는 경우

32. 오작 사항

① 요구된 과제가 아닌 다른 과제를 작업하는 경우

예 풀 코트 페디큐어 과제를 프렌치로 작업하는 경우 등

② 과제에서 요구된 색상이 아닌 다른 색상으로 작업하는 경우

예 흰색을 빨간색으로 작업하는 경우 등

③ 작업 부위를 바꿔서 작업하는 경우

예 각 과제의 작업 대상 손 및 손가락을 바꿔서 작업한 경우 등

수험자 및 모델 준비(복장)

💬 수험자

- 상의 : 반팔 또는 긴팔 흰색 위생복(1회용 가운 제외)
- 하의 : 긴 바지(색상, 소재 무관)
- 기타 : 마스크(흰색), 보안경(투명렌즈)

	1, 2, 4교시	3교시(보안경 착용)
반팔		
긴팔		

※ 복장에 소속을 나타내거나 암시하는 표식이 없어야 합니다.

※ 수험자는 눈에 보이는 표식(문신, 헤나, 컬러링(자연손톱색 외), 디자인, 손톱장식 등)이 없어야 하며, 표식이 될 수 있는 액세서리(반지, 시계, 팔찌, 발찌, 목걸이, 귀걸이 등)를 착용할 수 없습니다(단, 문신, 헤나 등의 범위가 작은 경우 살색의 의료용 테이프 등으로 가릴 수 있음).

※ 수험자가 머리카락 고정용품(머리핀, 머리띠, 머리망 등)을 착용할 경우 검은색만 허용합니다.

💬 모델

• 상의 : 흰색 무지 상의(유색 무늬 불가, 소재 무관, 남방류 및 니트류 허용, 아이보리색 등 포함 유색 불가)

• 하의 : 긴 바지(색상, 소재 무관)

• 기타 : 마스크(흰색)

반팔	긴팔
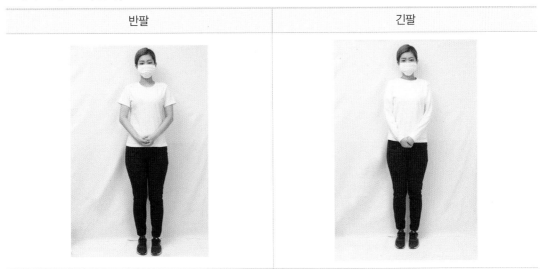	

※ 모델은 눈에 보이는 표식(문신, 헤나 등)이 없어야 하며, 표식이 될 수 있는 액세서리(반지, 시계, 팔찌, 발찌, 목걸이, 귀걸이 등)를 착용할 수 없습니다(단, 문신, 헤나 등의 범위가 작은 경우 살색의 의료용 테이프 등으로 가릴 수 있음).

※ 모델이 머리카락 고정용품(머리핀, 머리띠, 머리망 등)을 착용할 경우 검은색만 허용합니다.

네일실기총론

미용사 네일 실기시험에 미치다

Chapter 01

네일 도구(기기) 및 재료

네일케어 및 인조네일, 아트네일을 디자인하기 위해서는 네일관련 기구 및 도구를 잘 선정해야 하며, 검정형(네일) 과제 작업을 위한 재료 선택에 따라 다양한 기법을 연출할 수 있다. 기기 또는 도구 선택 시 효율성과 함께 사용하기에 편안하고 편리한 것을 우선으로 한다.

1 네일 기기

기기	역할	이미지
UV 젤 램프 (UV Gel lamp)	• 젤을 굳힐(경화) 때 사용하는 전기기구로서 시술 과정에 따라 큐어링(경화)은 10초~3분 정도 소요된다. * UV 젤을 굳게 만드는 자외선 또는 할로겐전구가 들어있다. * 빛(Light)의 종류와 형태는 회사에 따라 다양하다.	

2 네일 도구

도구	역할	이미지
큐티클 니퍼 (Cuticle nipper)	• 네일 도구 가운데 매우 정밀한 니퍼는 큐티클 주변의 굳거나 느슨해진 피부 또는 거스러미를 제거할 때 사용된다. * 니퍼는 감염이 되기 쉬우므로 소독 후 사용한다.	
솜통	• 손을 소독하거나 컬러링된 폴리시를 지울 때 사용하기 편하게 미리 화장솜에 소독액을 적셔서 차곡차곡 담아놓는 용기이다.	
큐티클 푸셔 (Cuticle pusher)	• 메탈 푸셔(금속), 스톤 푸셔(고운 돌) 등의 재질로 큐티클을 밀어 올릴 때 사용한다. • 스톤 푸셔(Stone pusher)는 누드스킨 또는 조체 주변 각질과 거스러미 등을 제거하는데 사용된다. * 네일의 조구(측·후조곽)에 45˚ 정도 비스듬히 세워서 조체 표면이 손상되지 않게 사용한다.	

도구	역할	이미지
네일 클리퍼 (Nail clipper)	• 자연네일과 인조네일(젤 또는 아크릴, 실크 등)의 조체 프리에이지 길이를 자르는 도구이다. * 손(발)톱 깎기로서 전문가용으로 일자형의 날을 사용한다.	
팁 커터 (Tip cutter)	• 인조네일 작업 시 팁의 길이를 자르거나 조절할 때 사용한다.	
더스트 브러시 (Dust brush)	• 네일 브러시 또는 솔, 핸드 브러시라고도 하며, 한쪽 면은 부드럽고 다른 쪽 면은 단단한 합성재질의 빗살로 구성된다. • 자연네일의 모양을 다듬거나 인조네일 시술 시 또는 시술 후 조체의 잔해나 이물질을 제거할 때 사용한다. • 습식매니큐어 시술 시, 물에 담갔던 조체 밑의 이물질을 세척할 때 사용한다. * 일반적으로 나일론 재질을 사용하고 있으나 조체와 피부를 할퀼 수 있으므로 양질의 천연 재질로 된 브러시를 사용한다.	
핑거 볼 (Finger bowl)	• 습식매니큐어 시 조체 주위의 굳은살과 큐티클을 불리기 위해 미온수를 담아 손가락을 담그는 용기이다. * 사용 후에는 깨끗하게 씻고 소독한다.	
샌딩 버퍼 (Sanding buffer)	• 블랙 버퍼라고도 하며 화이트, 블랙 2가지가 있다. • 고르지 않은 조체 표면을 매끄럽게 정리하고자 할 때 사용한다. * 화이트 샌드블럭 : 자연네일의 표면을 정리하거나 유분을 제거할 때, 파일 사용 후 거스러미를 제거할 때 사용한다. * 블랙 샌드블럭 : 거친 표면의 인조 팁을 정리하거나 팁 표면을 매끄럽게 제거할 때 사용한다.	
에머리보드(우드파일) (Emery board)	• 자연네일의 모양이나 길이를 바로 잡을 때 사용한다. • 사용 목적에 따라 다양한 종류의 그리트를 선택하여 사용한다.	
파일 (File)	• 인조네일의 모양이나 길이 또는 두께 면을 정리하거나 변경할 때 사용하는 그리트는 숫자가 클수록 파일 면의 입자가 가늘고 부드럽다. • 80그리트 : 전체 조체 모양 잡기 • 100그리트 : 거친 파일로서 팁 턱을 제거, 인조네일 길이 및 두께(면) 정리 • 150그리트 : 스트레스 포인트 연결 부분과 프리에지 단면(끝) 정리 • 180그리트 : 부드러운 파일로서 큐티클 주위와 조체의 모양을 조절하거나 정리 * 자연네일은 150~180, 인조네일은 100그리트를 주로 사용한다.	

도구	역할	이미지

삼색파일
(3-Way file)
	• 네일 버퍼 또는 3-Way 버퍼 또는 샤이니 블록(Shiny block)이라고도 한다.
	• 합성수지로 된 재질로서 파일 면은 강도(거칠기)가 각기 다른 3면으로 구성되어 있다.
	  – 첫 번째 면은 가장 거칠어, 고르지 않은 조체면을 부드럽게 만들어 준다.
	  – 두 번째 면은 첫 번째 면보다 좀 더 부드럽고 섬세하게 표면을 만든다.
	  – 세 번째 면은 그리트가 없는 버프를 위해서만 사용된다.
	• 조체를 정리한 후 조체에 광택을 주고자 할 때 조체 표면을 좌우 양방향으로 파일링한다.
	  * 버프(Buff) 작업 시, 손톱 밑과 손가락 끝의 혈액순환을 좋게 한다. 지나친 버프 작업은 네일을 건조시키거나 깨어지고 부서지게 한다.
	  * 버프 사용 시 거친 면에서 부드러운 면의 순서로 사용한다.	

손목 받침대 (Wrist support)	• 과제 작업 동안 모델의 손목과 팔을 편안하게 해줌으로써 작업 과정을 용이하게 한다(40×80cm, 쿠션 받침대).	
오렌지우드 스틱 (Orange wood stick)	• 큐티클을 밀어 올리거나 프리에지 또는 조체의 이물질을 제거할 때, 조체 주변에 묻은 오일 또는 폴리시 등을 제거하거나 수정 시 푸셔의 역할로 사용된다. * 소독용기에 미리 담근 오렌지우드 스틱의 물기를 제거하고 탈지면 등을 말아 사용한다. 오렌지우드 스틱 끝에 솜을 말아서 사용하는 일회용 스틱이다.	
토우세퍼레이터 (Toe separator)	• 발가락과 발가락 사이를 벌려 고정시킴으로써 페디큐어 컬러링 작업을 용이하게 한다.	
랩 가위 (Wrap scissors)	• '실크가위'라 하며, 실크를 재단할 때 사용하는 작은 가위이다.	
젤 브러시 (Gel brush)	• 받침대가 긴 브러시로서 퍼짐성이 좋아 조체 표면에 젤볼을 얹을 때 사용한다.	

도구	역할	이미지
아크릴 브러시 (Acrylic brush)	• 볼 뜨기 시 아크릴 볼을 조체 위에 얹어 인조네일을 만드는데 사용되며 브러시 모양, 크기에 따라 여러 종류가 있다.	
아트 브러시 (Art brush)	• 세필 브러시라고도 하며, 핸드 페인팅(마블링 작업) 시 사용하는 브러시이다.	
디펜디쉬 (Dependish)	• 아크릴 리퀴드를 덜어 쓰는 용기로 사용한다.	
디스펜서 (Dispenser)	• 액체 용액을 담아두는 펌프식 용기로서 리무버용, 로션용, 알코올용 등의 용도로 사용된다. • 도자기와 플라스틱 재질로서 빈번하게 사용되는 리퀴드 제품을 담는 독특한 용기이다.	
습식 소독용기 (Water sanitizer)	• 소독이 필요한 도구 또는 기구를 담가 두는 용도로 70% 알코올 소독액(에틸알코올)을 ⅔ 정도 채워 사용한다.	

3 네일 재료

기술	재료	역할	이미지
레귤러 테크닉 재료	네일 폴리시 리무버 (Nail polish remover)	• 넌−아세톤 타입으로 조체에 컬러링된 폴리시를 제거할 때 사용되는 액상제품으로 취기와 피부자극이 적다. • 퓨어 아세톤(100% 원액) 타입, 쏙오프(Sock off) 리무버라고도 하며, 인조네일 등을 제거할(녹일) 때 사용한다. * 아세톤 성분이 너무 강하면 인조네일의 끝을 녹인다.	

기술	재료	역할	이미지
레귤러 테크닉 재료	큐티클 오일 (Cuticle oil)	• 조체 주변과 큐티클 라인에 유분과 수분을 공급하기 위해 사용한다. * 식물성 오일로서 광택을 내기 위해 사용된다.	
	큐티클 리무버 (Cuticle remover)	• 큐티클 제거 시 유연하고 부드럽게 하는 제품으로써 큐티클 오일과 같이 사용한다.	
	베이스 코트 (Base coat)	• 네일 컬러링 시 폴리시를 바르기 직전에 사용한다. * 코팅막을 형성하여 조체 표면을 보호하며, 유색 컬러가 조체에 착색되는 것을 방지한다. 자연네일의 변색, 오염 및 착색방지, 유색 컬러를 밀착시켜주는 역할을 한다.	
	네일 폴리시 (Nail polish)	• 네일 에나멜 또는 락커라고도 하며, 네일 색조화장품으로서 유색 또는 무색이다.	
	톱 코트 (Top coat)	• '실러(Sealer)'라고도 하며, 유색 폴리시로 컬러링된 네일에 코팅막을 형성한다. * 광택과 함께 폴리시가 빨리 또는 쉽게 벗겨지지 않도록 보호한다.	
스페셜 테크닉 재료	네일 팁 (Nail tip)	• 자연네일의 길이 연장 시 사용하는 인조손톱이다. * 팁의 종류는 레귤러, 풀 · 프렌치 · 롱 · 컬러 팁 등이 있으나 과제 작업 시 준비물은 내추럴 팁이다.	

기술	재료	역할	이미지
스페셜 테크닉 재료	랩 (Wrap)	• 랩은 네일이 갈라지거나 찢어졌을 때 팁을 붙인 후 쉽게 부러지는 것을 보강하기 위해 사용한다. • 자연네일을 연장시키거나 팁 위드 랩 작업에 사용된다. 실크, 린넨, 화이버글라스 등이 있다. * 검정형 과제 작업 시 준비물은 실크이다.	
	글루 (Glue)	• 팁웰이나 실크를 접착할 때나 조체면 전체의 보강을 위해 접착제로 사용된다. * 네일 팁 또는 랩 시 젤 글루보다 점도가 낮아 빨리 스며든다.	
	젤 글루 (Gel glue)	• 인조 팁 또는 실크 등을 자연네일에 접착시키거나 두께(면)를 조절할 때 쓰인다. * 글루 도포 후 덧 발라주는 제품이다. 글루보다 두께감과 접착력이 뛰어나 랩이나 팁을 오래 유지시킨다.	
	필러파우더 (Filler powder)	• 자연네일에 팁 접착 후, 턱을 높이거나 실크를 붙이거나 두께나 면을 조절 또는 자연손톱 연장 시 보강을 위해 사용한다.	
	글루 드라이어 (스프레이형) (Glue dryer)	• 글루나 젤 글루를 빠르게 건조시키고 접착력을 강하게 해준다. * 글루 드라이어는 스프레이형으로 10~15cm 거리에서 사용한다.	

기술	재료	역할	이미지
스페셜 테크닉 재료	아크릴 리퀴드 (Acrylic liquid)	• 취기가 강한 액상 타입으로서 아크릴 파우더(분말)를 녹여 볼을 만드는데 사용된다.	
	아크릴 파우더 (Acrylic Powder)	• 분말로서 손톱 연장 또는 보강하기 위하여 사용되며 핑크, 클리어, 내추럴, 화이트 등 다양한 파우더 색상이 있다. * 아크릴 파우더와 아크릴 리퀴드를 혼합하여 믹스처 볼을 만들어 사용한다.	
	프라이머 (Primer)	• 아크릴 작업 시 자연네일에 접착이 잘되도록 발라주는 촉매제로서 아크릴 또는 젤 제품이 네일 표면의 불순물 및 유분기를 제거하기 위해 발라준다. * 조체의 pH 조절, 방부제의 역할을 한다.	
	프리프라이머 (Preprimer)	• 프라이머 바르기 전에 사용되며, 조체면의 유·수분을 제거하여 준다.	
	브러시 클리너 (Brush cleaner)	• 아크릴 볼 시술 전·후의 아크릴 브러시를 세척할 때 아크릴 파우더와 리퀴드를 믹스할 때 또는 엉겨 붙었을 때 파우더를 녹여주는 역할을 한다.	
	네일 폼 (Nail form)	• 젤 또는 아크릴 볼 받침대로서 네일 팁 없이 네일의 프리에지를 인위적으로 연장할 때 프리에지 부분에 대어서 사용한다. * 아크릴 폼이라고도 하며, 종이 재제(일회용)와 알루미늄 재제(재사용용)로서 스티커 모양이다.	

기술	재료	역할	이미지
스페셜 테크닉 재료	젤 클리너 (Gel cleaner)	• 큐어링 후 조체 표면에 남아있는 미경화 젤을 닦아 낼 때 사용한다.	
	톱 젤 (Top gel)	• 젤볼 도포 후 젤 네일 표면에 광택을 주기 위해 사용한다.	
	베이스 젤 (Base gel)	• 젤볼 도포 전 조체를 보호하고 착색을 방지하기 위해 사용한다.	
	젤 폴리시 (Gel polish)	• 젤 네일용 색조 화장품이다. * 검정과제 작업 시 젤 폴리시 준비물은 레드와 화이트 색조의 소프트 젤이다.	

	클리어 젤 (Clear or Pink gel)	• 투명 또는 반투명 젤로서 조체를 연장해 주거나 오버레이 할 때 사용한다.
		• 소프트 젤과 하드 젤이 있으며 조체 연장 시 사용된다.
		  – 소프트 젤 : 전용 리무버를 사용하여 제거할 수 있다.
		  – 하드 젤 : 파일로 제거해야 한다.	

4 네일소모품

소모품(준비물)	역할	이미지
소독제 (Antiseptic)	• 네일 · 피부 소독제로 시술 전 청결을 위해 수험자와 모델의 손(발), 손(발)바닥 등을 소독한다. * 약한 소독력을 가짐으로써 피부 이외에는 네일 기구나 도구에는 소독력이 없다.	
재료 정리대 (Supply tray)	• 작업대를 깨끗이 정리하고 재료의 이동을 편리하게 한다. * 검정형 네일과제에 사용되는 도구와 제품을 보관, 정리하는데 사용된다.	
물 스프레이 (Water spray)	• 페디큐어 시 오른쪽 발톱(모지·인지·중지·약지·소지)에 큐티클 오일을 바르기 전 큐티클을 정리하기 위해 미온수가 담긴 분무기를 이용하여 오른발 큐티클에 분사한다.	
보온병	• 핑거 볼에 미온수를 보급하기 위해 미리 물을 채워가서 시험장에서 사용된다.	
지혈제 (Styptic liquid & powder)	• 매니큐어 및 페디큐어 작업 시 큐티클을 과다하게 제거했을 때 니퍼 사용의 미숙으로 인한 출혈을 멈추게 하기 위해 사용한다. * 액체 또는 분말형으로 오렌지우드 스틱 끝에 솜을 말아 지혈제를 묻혀 출혈 부위에 살며시 꼭 눌러준다.	

소모품(준비물)	역할	이미지
솜 (Cotton)	• 소독 시 또는 폴리시를 닦아낼 때 사용되며, 뚜껑이 있는 용기에 담아 청결하게 보관한다.	
페이퍼 타월 (Paper towel)	• 네일 테이블(작업대)에 깔린 수건 위에 페이퍼 타월을 얹을 때, 핑거볼 또는 각탕기에서 연화시킨 조체 등의 물기 제거 시에 사용된다. • 파일 시 조체 잔해 등을 처리하기 위해 사용된다.	
마스크	• 검정과제 작업 시 수험자와 모델의 입과 코를 감싸는 마스크이다.	
가운	• 검정과제 작업 시 수험자가 착용하는 흰 가운으로서 긴팔 또는 반팔 등이 있다.	
호일 (Foil)	• 인조네일을 제거하기 위해 코튼지에 전용 리무버를 적셔 인조네일에 얹은 후 아세톤이 휘발되지 않도록 감싸는데 사용된다.	
보안경	• 검정형 3과제 작업(인조 네일 과제) 시 착용한다.	

멸균거즈	• 검정과제 작업 시 멸균거즈는 시중 약국 등에서 판매되는 제품을 그대로 사용하거나 물이나 알코올 등을 적신 상태로 사용한다.
	  * 네일 폴리시를 지울 때, 손 소독 시의 물기를 닦을 때, 소독용기에 넣어 둔 기구(니퍼, 오렌지우드 스틱, 더스트 브러시, 푸셔)를 꺼내 쓰고자 할 시 물기를 닦아서 사용한다.
	  * 네일 제품용기의 병 입구를 닦을 때 사용한다.
	  * 손 소독 및 폴리시 제거, 도구소독 시 사용된다.
	  * 마무리 시 큐티클 주변 등의 네일 거스러미를 제거할 때 사용한다.	

소모품(준비물)	역할	이미지
알코올 (Alcohol)	• 70% 수용액을 사용하며, 네일 테이블과 기구 소독, 수험자와 모델의 손 소독에도 사용한다. 　* 소독용기에 알코올을 붓고 도구를 담가 위생적으로 사용한다.	
스폰지	• 스폰지 면에 네일 폴리시를 도포한 후 조체면에 그라데이션 매니큐어 및 페디큐어 컬러링 과제에 사용된다.	
스카치테이프	• 검정과제 작업에 따른 준비과정으로서 작업대 우측 측면에 위생봉투를 붙일 때 사용한다.	
위생봉투 (Vinyl pack)	• 검정과제 작업 시 사용된 각종 소모품, 폐기물 등을 담는 용도로 작업대 오른쪽 모퉁이에 붙여놓고 사용한다.	
타월	• 네일 테이블 위에 깔아서 위생적인 용도로 사용한다.	

Chapter 02

네일 도구(기기) 및 재료사용의 실제

1 네일 도구 사용의 이해

검정과제 작업 시 도구(소독용기, 오렌지우드 스틱, 푸셔, 니퍼, 파일(삼색파일 포함), 클리퍼, 팁 커터, 샌딩 버퍼, 라운드 패드, 더스트 브러시 등) 및 제품 사용(용기잡기 및 조절, 브러시 운용, 스폰지 적시기) 등에서 요구되는 올바른 자세를 설명한다.

> * 올바른 작업 자세에서 요구되는 사진 또는 그림 절차와 순서의 설명은 수험자의 관점(위치)에서 설명된다.

1) 오렌지우드 스틱 사용하기

매니큐어 및 페디큐어, 젤네일, 인조네일 등에 요구되는 작업 절차에 따라 소독용기에 담겨져 있는 오렌지우드 스틱을 꺼내어 물기를 제거한 후 탈지면을 말아서 조체면에 90°를 유지하면서 사용한다(❶~❸).

오렌지우드 스틱의 활용

네일 큐티클 라인과 그루브 등을 밀어 올릴 때

손톱 주변과 프리에지에 묻은 폴리시를 지울 때

풀 코트 컬러링 시 큐티클 라인 수정할 때

그라데이션 컬러링 시 손톱 주변 및 프리
에지 주변을 지울 때

팁 위드 랩 시 큐티클 라인과 그루브에
끼어있는 필러 파우더를 제거할 때

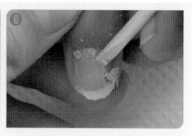

인조네일 제거 시 손톱 위의 잔여물을
제거할 때

2) 파일 사용하기

인조네일의 모양 잡기(프리에지 길이와 그루브 라인 제거 시 150~180그리트) 및 팁턱 등은 180그리트 파일을
사용한다.

(1) 에머리보드(우드파일)

자연손톱에 사용되는 파일은 스퀘어(또는 라운드) 모양의 손톱면을 만들기 위해 파일면을 이용한다. 손톱
면의 오른쪽 스트레스 포인트에서 프리에지의 중앙으로, 왼쪽 스트레스 포인트에서 프리에지의 중앙을
향하여 손목을 사용하여 파일을 한쪽(일정) 방향으로 굴리듯이 파일링한다(①~③).

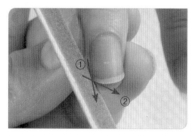

(2) 파일

- 손톱면은 가로로 좌우 양방향으로 문지르듯이 파일링한다(①).
- 큐티클면은 조체면에 대하여 세로로 10° 정도씩 옮겨가며 운행하며, 운행을 조금씩 끊어가면서 파일
  링한다(②).

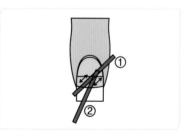

- 인조네일의 프리에이지 작업 시 좌우 양방향으로 파일링함으로써 길이(0.5~1cm 정도)와 두께(0.5~1mm) 를 조절한다(❶, ❷).

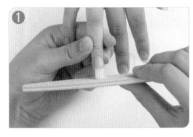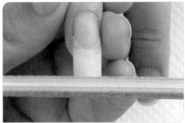

- 하이포인트를 연결할 때 파일을 사선으로 잡고 앞뒤로 자연스럽게 다듬듯이 파일링한다(❶~❸).

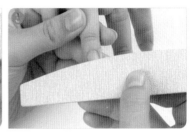

- 팁턱 라인을 따라 매끄럽고 일정한 두께가 유지되도록 팁턱을 파일링한다(❶~❸).

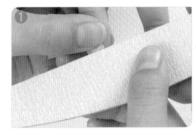

- 스트레스 포인트에서 그루브를 향해 세로 방향으로 파일링함으로써 하이포인트에서 내려오는 조체면 이 갖는 능선의 매끄러움을 갖춘다(❶~❸).

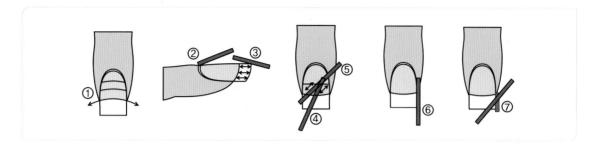

(3) 삼색파일

- 모지와 인지로 파일을 쥐고 조체의 측면, 정면, 프리에지를 향해 라운드를 그리면서 부드럽게 파일링 한다(①~③).
- 파일 3면(또는 2면)을 고루 사용하여 광택을 내는데 사용한다(④~⑥).

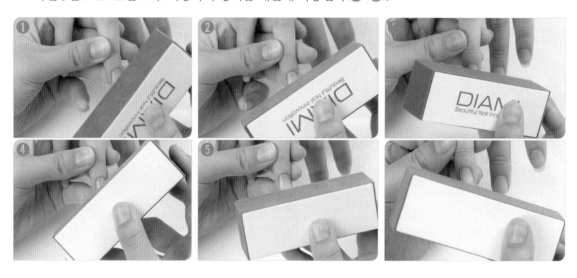

3) 샌딩 버퍼 사용하기

모지와 인지로 파일(240그리트)을 쥐고 조체의 측면, 정면, 프리에지를 향해 라운드를 그리면서 인조손톱 표면을 균일하게 정리하거나 거스러미를 제거할 때 사용한다(①~④).

4) 라운드(디스크) 패드 사용하기

샌딩블럭 사용 후 자연네일 모양을 다듬기 위해 조체 주변(측조곽, 후조곽)과 프리에지 밑의 거스러미를 정리하는데 사용한다.

5) 더스트 브러시 사용하기

> * 소독용기에서 꺼낸 더스트 브러시는 멸균거즈를 사용하여 물기 제거 후, 파일 작업과 버퍼 작업에 따른 손톱손질 시 제거 되지 않은 먼지나 분진 등을 털어낸다.

조체면은 큐티클에서 프리에지를 향해, 프리에지 밑은 오른쪽에서 왼쪽으로 가로 방향을 향해 더스트 브러시로 털어낸다(❶~❹).

6) 푸셔 사용하기

소독용기에서 꺼낸 푸셔는 멸균거즈를 사용하여 물기를 제거한 후, 연필 잡듯이 푸셔를 쥐고 조체면에 대해 45°를 유지하면서 큐티클 라인을 가볍게 조금씩 여러 번 밀어준다(❶~❹).

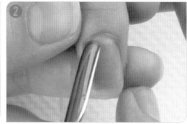
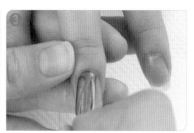
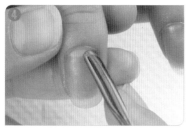
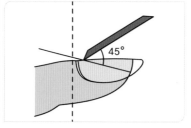

7) 니퍼 사용하기

• 니퍼 사용 시 삼각날을 조체면에 대해 45°로 유지한 채, 니퍼 앞날 ½ 정도를 큐티클에 닿게 한 후, 뒷날은 큐티클에 닿지 않도록 약간 들어 잘라나간다(❶).

• 오른쪽 그루브 작업 시 니퍼를 쥘 때, 수험자 손등이 보이도록 하여 큐티클 라인 중앙 앞쪽으로 향해 큐티클을 잘라나간다(❷).

- 왼쪽 그루브 작업 시에는 니퍼 날이 수험자가 보이도록 손바닥 쪽으로 하여 큐티클 라인 중앙으로 향해 잘라낸다(❸).

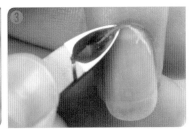

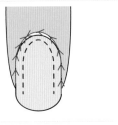

✔ 주의

* 니퍼는 금속재질로서 네일 피부(큐티클, 굳은살, 거스러미 등)에 비해 매우 날카로운 삼각날로 구성되어 있다. 수험자가 큐티클을 자를 때 큐티클 라인을 위쪽으로 밀어서 잡아주면 2~3번 반복 동작으로도 손톱을 긁거나 흠을 내지 않고 깔끔히 정리할 수 있다.
* 큐티클 제거 도중 출혈이 생겼을 때 소독된 탈지면 또는 거즈 등으로 출혈 부위를 소독한 후 멸균거즈에 지혈제를 발라서 상처부위를 눌러주고, 사용한 멸균거즈는 즉시 위생봉투에 넣는다.

8) 네일 클리퍼 사용하기

- 인조네일 작업을 위한 자연네일 손질(오른손의 약지, 중지) 시 옐로우 라인을 경계로 프리에지는 약 1mm 이하를 남기고 네일 클리퍼를 사용하여 라운드 모양으로 자른다(❶~❸).

- 실크 익스텐션(필러파우더+글루=경화) 후 클리퍼를 사용하여 0.5~1cm 정도의 인조네일 길이(프리에지)를 남겨두고 잘라준다.

- 인조네일로 연장(아크릴, 젤, 실크, 팁 등)된 오른쪽 손(약지와 중지)의 프리에지를 네일 클리퍼를 사용하여 자른다.

✔ 주의

* 클리퍼는 금속재질로서 일자로 된 날은 날카롭다. 반드시 날은 일자를 사용해야 하며, 자를 때 하조피 상태를 잘 인지한 후 프리에지는 검정형에서 요구하는 길이로 자르기를 해야 한다.

9) 팁 커터 사용하기

팁 위드 랩 작업에서 선정된 내추럴 팁을 자연손톱에 붙인 후 인조네일(프리에지)의 길이를 1.2cm 정도 남기고 자르기 위해 인조네일에 수평면(스퀘어)이 되도록 팁 커터를 넣어 자른다(❶~❸).

인조네일의 길이는 프리에지에서 0.5~1cm 미만으로 정한다.

✔ 주의

* 네일 팁을 자르는 전용도구인 팁 커터는 금속재질로서 자연손톱에 부착된 인조 팁이 떨어지지 않도록 팁턱과 팁 프리에지를 수험자의 왼손으로 받친 후에 조체면에 대해 직각으로 잘라야 한다.

2 기초 네일 재료 사용의 이해

1) 병에 담긴 제품 사용법

(1) 용기조절 방법

리퀴드 타입의 제품인 폴리시(젤 폴리시), 베이스 코트(베이스 젤), 톱 코트(톱 젤) 등은 사용 직전에 반드시 양 손바닥 사이에 넣고 좌우로 흔들어 돌린 후 사용한다.

> **▼ 주의**
> * 액체 제품을 상하로 털듯이 흔들면 기포가 생성되거나 뭉칠 수 있다.

(2) 용기와 브러시 쥐는 법

> * 리퀴드 타입의 제품인 폴리시(젤 폴리시), 베이스 코트(베이스 젤), 톱 코트(톱 젤), 프라이머, 젤 글루, 젤 본더 등은 제품 양의 조절 및 도포방법에서 병을 쥐고 병뚜껑에 달려 있는 브러시를 이용하여 도포하는 방법은 모두 동일하다.
> * 수험자는 왼손의 손바닥 위로 병(용기)을 올린다. 즉 모지와 인지를 마주한 후 병 제품을 손바닥 안에 오목하게 쥐고 중지, 약지, 소지를 나란히 하여 병의 측면에 갖다 댄다.

- 브러시 쥐는 법(수험자 오른쪽) : 모지와 인지로 브러시를 쥐고 흔들리지 않게 운행할 수 있도록 중지와 약지로 브러시를 받쳐 준다(❶~❸).

- 용기 쥐는 법(수험자의 왼손) : 수험자(왼손을 사용하여)는 병 제품을 쥔 모지와 인지 사이에 모델 오른손 소지의 첫 마디를 향해 잡는다(❶~❸). 오른쪽 모지와 인지로 브러시를 쥐고 흔들리지 않게 운행할 수 있도록 왼손 중지에 오른손 중지를 맞대어 지지대 역할을 통해 브러싱한다(❹~❻).
- 브러시 각도 : 조체면을 수평으로 하였을 때 브러시를 쥐고 운행하는 각도는 45°를 유지한다(❼~❾).

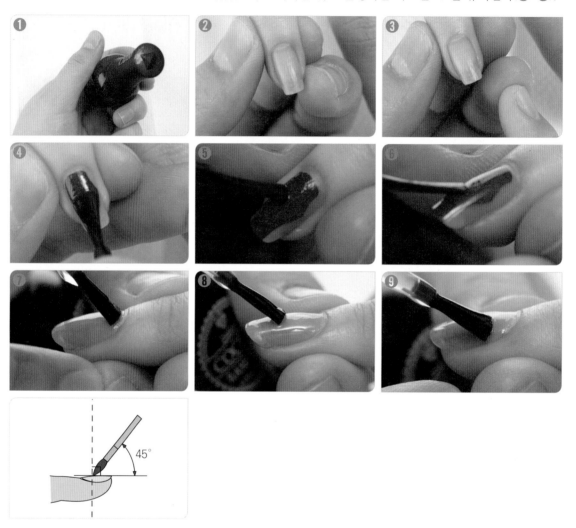

2) 브러시에 묻은 제품 양 조절 및 도포법

> * 브러시에 묻은 제품 양을 조절하기 위해, 제품이 담긴 병의 입구에서 브러시를 앞뒤로 가볍게 닦은 후 도포를 수행한다.

수험자는 오른손으로 브러시에 묻은 제품 양을 병의 입구에서 조절한 후 모델 오른손 소지에서 약지, 중지, 인지, 모지 순서로 얇게 1회(폴리시는 2회) 도포한다.

✓ 주의

* 네일 폴리시를 손톱에 1회 도포 시 손톱의 중앙, 왼쪽, 오른쪽, 프리에지까지 순서대로 하나, 2회 (재)도포 시에는 왼쪽 측면(그루브)에서 순차적으로 오른쪽 측면(그루브)까지 오버랩 방식으로 연결하여 도포하고 프리에지는 생략한다.

3) 용제 도포법

본 교재에서 서술되어 있는 작업과정의 순서는 수험자의 관점에서 설명된다. 다시 말하면 모델의 손 · 발톱면의 오른쪽은 수험자의 왼쪽으로 볼 수 있다.

> **조체 도포 순서**
> 용제(폴리시, 톱 코트, 톱 젤, 젤 폴리시)를 이용하여 1회 바르는 순서는 손톱면의 중앙 → 왼쪽 → 오른쪽 → 프리에지 단면 순으로 도포한다.
>
> **손의 위치와 손가락의 순서**
> – 모델(오른손)의 소지에서 모지(과제 : 네일 폴리시 – 매니큐어 컬러링) 순서로 도포한다.
> – 모델(왼손)의 소지에서 모지(과제 : 젤 폴리시 – 마블링) 순서로 작업하는 절차이다.

✓ 주의

* 폴리시는 펄이 첨가되지 않은 순수 레드 또는 화이트로 얇게 2회 도포한다.

(1) 조체면 중앙

큐티클 라인(1mm 이상 띄운 후) 직전에 브러시 끝을 가볍게 눌러 얹어 놓은 후(조체면의 45° 유지) 브러시 끝의 앞으로 쓸면서 뒤쪽으로 살짝 밀어 프리에지를 향해 빠르게 쓸어내림으로써 얇고 고르게 도포한다 (❶, ❷).

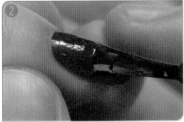
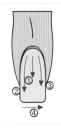

(2) 조체면 왼쪽

브러시 사용 시 루룰라(반월)가 있는 완만한 둥근 큐티클 라인을 따라 왼쪽면 프리에지를 향해 브러시 끝단을 자연스럽게 굴리면서 빠르게 쓸어내린다(❶, ❷).

(3) 조체면 오른쪽

조체의 왼쪽면 작업에서와 같이 오른쪽 큐티클 라인을 따라 프리에지를 향해 브러시를 자연스럽게 굴리면서 빠르게 쓸어내린다(❶, ❷).

(4) 프리에지

브러시에 남아 있는 제품을 이용하여 왼쪽에서 오른쪽 가로 방향으로 프리에지 단면(끝)을 발라 마무리한다(❶~❸).

(5) 오버랩하기

손톱면의 폴리시 바르기에서 중앙(①)과 왼쪽(②) 또는 오른쪽(④) 사이에 제품이 뭉쳐져 있거나 비어있을 수 있는 ③과 ⑤는 오버랩 방법으로 가볍게 쓸어준다.

 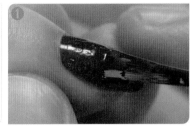 

(6) 재도포(2차) 하기

조체면의 가장 왼쪽 측면(①)을 중심으로 오른쪽 측면을 향해 네일 폴리시를 순차적으로(②→③→④→⑤→⑥) 겹치게 도포한다.

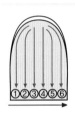  

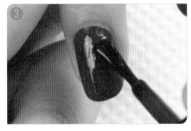

4) 프렌치(스마일) 라인 설정 방법

한 번의 브러시 터치를 통해 프렌치 라인을 대칭(양쪽 스트레스 포인트 간)되게 스마일 라인을 긋기는 쉽지 않다.

* 프리에지 중앙 → 오른쪽 또는(↔) 왼쪽 → 프리에지 단면 순서로 과제에 따라 두께(프렌치 라인 – 3~5mm, 딥프렌치 라인 – 전체 조체면 ½ 이상)를 작업한다.

(1) 조체면 왼쪽에서 중앙으로

조체 왼쪽의 스트레스 포인트에서 시작하여 조체면 중앙에서는 손목을 굴리면서 브러시 끝단을 이용하여 스마일 라인이 동일한 넓이(면적)가 되도록 설정한다(❶, ❷).

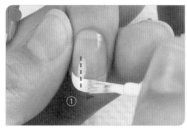
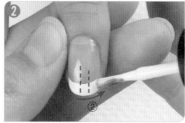

(2) 조체면 오른쪽에서 중앙으로

조체 오른쪽의 스트레스 포인트에서 시작하여 조체면 중앙으로 향해 스마일 라인이 오른쪽과 선명한 대칭선이 되도록 재차 그어준다(❶).

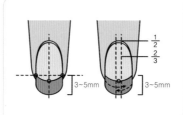

5) 딥프렌치 라인 설정 방법

> * 딥프렌치 매니큐어 컬러링 시 프렌치 면적은 전체 조체면의 ½ 이상으로서 선명한 스마일 라인을 대칭적으로 만든 후 넓은 손톱면은 프렌치(스마일) 라인을 넘지 않게 한다.

- 가로로 딥프렌치 면적을 1차적으로 채운다(❶~❸).

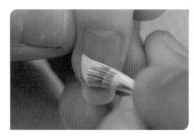

- 세로로 45°보다 브러시 끝단을 눕혀서 왼쪽 측면에서 오른쪽 측면을 향해 화이트 폴리시가 굳지 않도록 빠른 속도로 2차 브러싱한다.

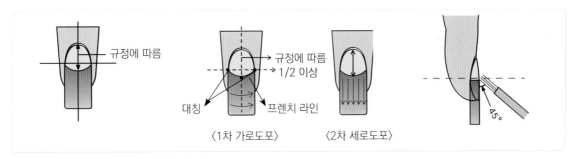

> **⌄ 주의**
>
> 특히 초보인 경우, 조체면 중앙에서부터 시작할 수 있다. 다시 말하면 조체 중앙에서부터 요구되는 과제(프렌치 매니큐어 컬러링, 딥프렌치 매니큐어 또는 페디큐어 컬러링)는 화이트 폴리시의 도포 넓이(면적)을 만들기 위해 조체면의 왼쪽에서 오른쪽으로, 오른쪽에서 왼쪽 등 양방향으로 그어줄 수 있다.

  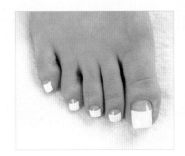

(3) 프리에지 단면

프렌치 매니큐어 컬러링은 스마일 라인을 가로로 하여 왼쪽에서 오른쪽으로 오버랩하듯 프리에지 밑까지 도포한다(❶, ❷).

6) 선마블링 라인 설정 방법

> * 선을 그리는 순서는 규정이 없으나 일정 분배된 간격과 넓이(폭)을 요구하므로, 수험자 스스로가 기준점을 중심축으로 삼고 작업을 체계화시킨다.

선의 간격과 선 자체의 면적이 일정해야 하며, 과제에서 요구되는 세로선 총 8개(흰색 4, 빨강색 4)와 가로선 4개(마블링 형성)를 형성시킨다.

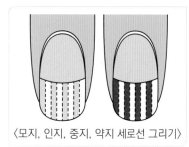

• 손톱길이 ⅓을 중심으로 스마일 라인을 그린 후 프리에지 단면 ½을 연결하는 지점을 중심축으로 하여 세로선을 제1선(①)으로 그어준다.

• 제1선에서 오른쪽 측면 그루브와의 사이에 ½선을 제2선으로 그어준다(②).

• 제1선에서 왼쪽 측면 그루브와의 사이에 ½선을 제3선으로 그어준다(③).

• 제1선과 제2선 사이 ½선을 제4선으로 그어준다(④).

• 제2선과 오른쪽 그루브와의 사이 ½선을 제5선으로 그어준다(⑤).

• 제1선과 제3선 사이 ½선을 제6선으로 그어준다(⑥).

• 제3선과 왼쪽 그루브와의 사이 ½선을 제7선으로 그어준다(⑦).

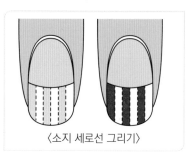

〈모지, 인지, 중지, 약지 세로선 그리기〉 〈소지 세로선 그리기〉

• ①~④는 세필 브러시에 레드 폴리시를 묻혀서 세로선을 긋는다. 선의 면적과 선과 선 사이의 분배 간격을 일정하게 작업한다.

• ⑤~⑧은 화이트 폴리시를 사용하여 ①~④ 사이에 채워주는 방식으로 선의 면적과 간격을 일정하게 유지해야 한다.

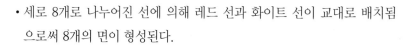

• 세로 8개로 나누어진 선에 의해 레드 선과 화이트 선이 교대로 배치됨으로써 8개의 면이 형성된다.

- 가로 8개의 굵은 선(면)이 형성된 상태에서 세필 브러시로 4개의 가로선을 긋기 위해 먼저 프렌치 스마일 라인을 젤 브러시를 이용하여 선명하게 보정한다(①).
- 프렌치 컬러링(레드와 화이트)된 손톱면의 ⅔선 정도에 가로 제1선을 긋는다(②).
- 프렌치 컬러링된 손톱면의 ⅘선 정도에 가로 제2선을 긋는다(③).
- 가로 제1선과 스마일 라인 사이 ½선 정도에 가로 제3선을 긋는다(④).
- 가로 제1선과 가로 제 2선 사이 ½선 정도에 가로 제4선을 긋는다(⑤).
- 가로 4개로 그은 선에 의해 5개의 마블링이 형성된다.

7) 부채꼴 마블링 라인 설정 방법

> * 젤 클렌저는 유리볼에 덜어낸다. 세필 브러시로 선을 그을 때마다 묻은 젤을 깨끗하게 지우기 위해 젤 클렌저에 담그고, 페이퍼 타월로 닦아 내면서, 다음 선을 끌듯이 그어준다. 부채꼴 마블링은 레드 젤 폴리시를 풀 코트로 컬러링된 상태에서 기본 가로선과 마블링 세로선 긋기를 통해 완성한다.

⑴ 기본 가로선 긋기는 프리에지 단면의 정중점인 ㉡에서 ㉠까지 일정 굵기로 4등분으로 분배하여, 화이트 젤을 세필 브러시에 묻혀 손톱면에 ①, ②, ③, ④의 선을 긋는다.

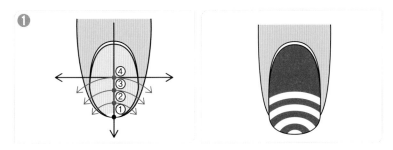
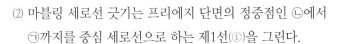

⑵ 마블링 세로선 긋기는 프리에지 단면의 정중점인 ㉡에서 ㉠까지를 중심 세로선으로 하는 제1선(①)을 그린다.
- 제1선을 중심축으로 오른쪽(측면) 그루브까지의 ½선을 제2선으로 하여(②) 긋는다.
- 제2선을 중심축으로 오른쪽(측면) 그루브까지의 ½선을 제3선으로 하여(③) 긋는다.
- 제1선과 제2선 사이에 ½선을 그어서 제4선을 형성한다(④).

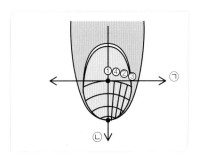

(3) 마블링 세로선 긋기는 제1선을 중심축으로 왼쪽(측면) 그루브까지에 ½선을, 세필 브러시를 이용하여 제5선을 긋는다(⑤).

- 제5선을 중심축으로 왼쪽(측면) 그루브까지의 ½선을 제6선으로 긋는다(⑥).
- 제1선과 제5선의 ½선을 제7선으로 긋는다.(⑦)

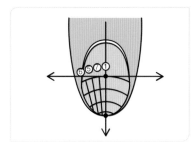
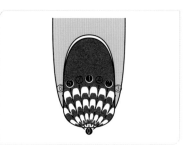

3 인조네일 재료 사용의 이해

1) 내추럴 하드웰 팁(스퀘어) 사용법

팁 작업 순서

네일팁 → 글루 → 팁커터 → 팁턱 제거(모양다듬기) → 글루 도포 및 필러 파우더 뿌리기(1~3차) → 모양다듬기(정리) → 실크 올리기 → 두께 만들기 → 프리에지 단면정리 → 실크턱 제거 → 젤 글루 도포 및 고정 → 표면정리(샌드파일, 광파일, 큐티클 오일)

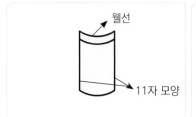
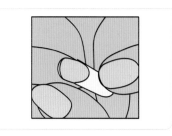

(1) 팁(웰선이 있는)은 자연손톱의 프리에지 위로 붙여야 함으로 손톱의 양쪽(스트레스 포인트) 끝 부분이 넘치거나 모자라지 않는 가로·세로 직선인 스퀘어 모양을 선택한다.

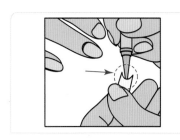
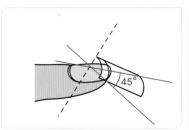
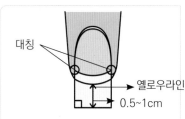

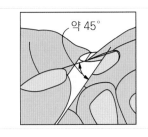
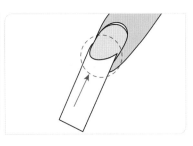

(2) 팁의 웰선에 글루를 소량 도포한 후 손톱판(엘로우 라인과 스트레스 포인트 약간 위로)과 직선이 되도록 45°를 유지하면서 들떠 공기가 들어가지 않도록 하여 자연 손톱에 이어준다.

• 손톱판 옆선(그루브)과 이어지는 스트레스 포인트, 네일 팁 간에는 일직선이 되게 한다.

(3) 수험자의 모지와 검지를 이용하여 웰팁이 붙은 대칭점(스트레스 포인트)을 눌러준다(❶).

(4) 실크 올리기

• 랩 가위를 사용하여 실크를 적당한 크기로 자른다(❷).

• 자른 실크(오른쪽 면)는 손톱 오른쪽, 왼쪽 측면의 그루브와 큐티클 간에 대어서 큐티클 라인에 맞추어 재단한다.

• 큐티클 라인과 같이 재단된 실크를 손톱면(큐티클 라인보다 1~2mm 정도 띄운 후)에 접착시키기 위해 실크 뒷면의 종이를 떼어내고 오른쪽 측면을 고정시킨 후 왼쪽 라인에도 들뜸 없이 붙여준다.

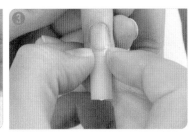

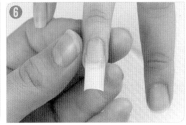

2) 아크릴 프렌치 · 젤 원톤 스컬프쳐 작업방법

(1) 폼 끼우기

- 폼의 뒷면에 접착된 종이를 제거하여 폼지 내 동그란 네일 폼을 접착면에 붙여서 떼어낸다.

- 네일 폼을 자연손톱의 옐로우 라인에 덧대어 본 후 수험자의 양손 모지를 이용하여 모델의 손톱크기 에 맞게 정확하게 재단한다(❶).
- 자연손톱 C커브 형태에 맞게 네일 폼을 눌러주어 큐티클 라인과 폼지와의 균형을 맞추어 손톱모양에 맞게 폼지 윗부분을 구부려준다(❷).
- 재단된 폼지를 모델의 프리에지 밑에 공간이 생기지 않도록 수평이 되게 끼워준다(❸~❺).
  - 손톱면의 정면을 향해 수평으로 끼운 폼지를 수험자의 양손 모지와 인지를 이용하여 아래위로 손 톱 판으로부터 폼이 처지지 않게 연결한다.
  - 폼지 재단 및 커브 작업을 제대로 잡아줌으로써 젤 또는 아크릴볼 작업 시 핀칭 작업이 수월하게 진행된다.

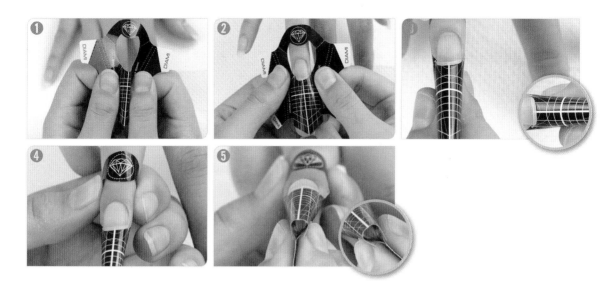

(2) 아크릴 · 젤 브러시 구조 및 역할

> * 브러시는 4개의 영역으로 구분된다. 브러시 ⅓ 부분인 끝단의 팁(또는 프
> 라그)과 중간 ⅔ 부분인 벨리, 시작단인 백(또는 베이스)과 함께 이를 지탱
> 해 주는 브러시 손잡이(자루)로 구성된다.

백(베이스)
벨리
팁(프라그)

- 브러시 끝단(Tip or Flag)은 미세한 작업으로서 큐티클 라인 또는 스마일 라인에 적용한다.
- 브러시 중간 부분(Belly)은 그라데이션 작업 시 또는 손톱모양을 조형할 때, 아크릴볼 또는 젤볼을 손톱
  면 위에 얹은 후 높낮이(능선)를 만들기 위해 톡톡 두드려줄 때 사용된다.
- 브러시의 시작단 부분(Back or Base)은 약간의 압을 통해 손톱모양과 길이 또는 볼을 펴줄 때 사용한다.

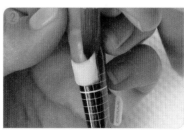

(3) 아크릴볼 올리기

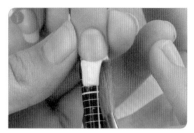

① 제1차 화이트 아크릴볼

• 브러시의 팁을 리퀴드에 담근 후 화이트 아크릴 파우더를 찍어 볼 뜨기를 한다.

• 동그랗게 뜬 1차 볼은 폼지에 끼운 옐로우 라인 부분에 올려 스마일 라인을 만든다.

　– 옐로우 라인 중심에 얹은 아크릴볼은 왼쪽 면부터 시작한다.

　– 인조네일 길이는 1cm 정도 스퀘어 모양으로 브러시의 벨리와 백으로 길이를 연장하여 두께를 조형
　　한 후, 좌우 대칭이 되도록 스마일 라인을 다듬는다.

　– 브러시를 사용하여 인조네일 모양을 잡을 때 브러시에 묻은 내용물(아크릴볼 잔해)은 페이퍼 타월에
　　닦아 제거한 후, 리퀴드에 브러시 팁을 담그어서 스마일 라인을 정리한다.

　– 양쪽의 스트레스 포인트 부분은 브러시의 팁으로 아크릴볼을 조금씩 찍어 서로 대칭되게 섬세하게
　　작업한다.

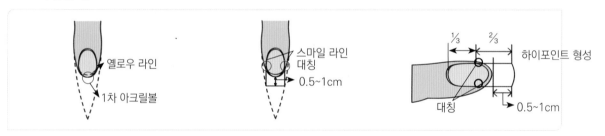

② 제2차 클리어(또는 핑크) 아크릴볼

• 브러시의 팁을 리퀴드에 담근 후 클리어 파우더를 찍어 두 번째 볼 뜨기를 한다.

• 동그랗게 뜬 2차 볼은 스마일 라인의 아래쪽 부분에 올려놓고 하이포인트를 만들면서 브러시의 측면
　(벨리)을 이용하여 스마일 라인의 경계를 따라 왼쪽과 오른쪽 부분을 자연스럽게 연결한다.

　– 하이포인트는 인조네일 전체 길이의 약 ⅔ 지점에 조형되도록 한다.

　– 2차 아크릴볼은 1차 아크릴볼 위로 가지 않도록 해야 한다.

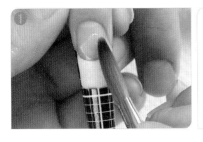

③ 제3차 클리어 아크릴볼

- 브러시의 팁을 리퀴드에 담근 후 2차 아크릴볼보다 묽고 작게 하여 클리어 파우더를 찍어 세 번째 볼 뜨기를 한다.
- 3차 아크릴볼은 큐티클 라인보다 위쪽으로 올려 큐티클 라인을 따라 하이포인트 부분과 연결되도록 브러시의 벨리 부분을 이용하여 조심스럽게 연결하여 쓸어내려 준다.
- 2차 볼과 경계가 생기지 않도록 자연스럽게 연결하며, 사용 시 브러시는 페이퍼 타월에 닦아서 사용한다.

(4) 젤볼 올리기 및 큐어링

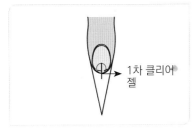

① 제1차 클리어 젤(베이스 젤)

- 젤 브러시를 사용하여 클리어 젤을 떠서 자연손톱과 폼지의 경계 부위에 얹는다.
  - 폼지 위로 프리에지의 길이(0.5~1cm 미만) 연장과 함께 두께(0.5~1mm 이하)를 만든다.
  - 젤을 손톱면에 올린 뒤에는 브러시를 떼지 말고, 끌듯이 브러싱 함으로써 기포가 생기는 것을 방지하고 자연손톱과 높이를 맞춘다.
  - 젤 램프에 1~2분 정도 큐어링 과정에서 5~10초 정도(적당히 큐어링된 상태)에서 C-커브 작업을 위해 인조네일 이음 부분(스트레스 포인트)을 한 번씩 눌러 핀치를 한다.

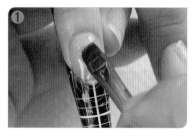 

② 제2차 클리어 젤

- 베이스 젤을 올린 부분과 연장된 스트레스 포인트의 중간에 클리어 젤을 올린 후 하이포인트를 만들면서 큐티클 라인(1.5mm 이전)까지 손톱면 전체에 볼륨감 있는 모양을 만든다.
- 젤 램프에 1분간 큐어링 과정에서 핀치를 한 번씩 해준다.

 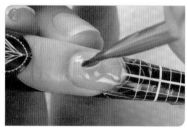

③ 제3차 클리어 젤

- 하이포인트를 만들기 위해 소량의 젤을 얹어 큐티클쪽으로 밀면서 프리에지까지 쓸어내린다.

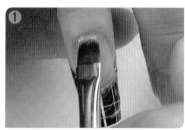  

MEMO

제 1-1 과제

매니큐어

매니큐어 세부과제

작업목표

주요항목	세부항목	작업목표
1. 네일 위생	1. 미용 기구 소독하기	1. 기구유형에 따라 효율적인 소독방법을 결정할 수 있다. 2. 소독방법에 따라 네일미용 기기를 소독할 수 있다. 3. 소독방법에 따라 네일시술용 도구를 소독할 수 있다. 4. 소독방법에 따라 네일미용 용품을 소독할 수 있다. 5. 위생점검표에 따라 소독상태를 점검할 수 있다. 6. 위생점검표에 따라 기기를 정리정돈할 수 있다.
	2. 손·발 소독하기	1. 위생지침에 따라 소독 절차를 파악할 수 있다. 2. 소독제품의 특성에 따라 소독방법을 선정할 수 있다. 3. 소독방법에 따라 시술자의 손·발을 소독할 수 있다. 4. 소독방법에 따라 고객의 손·발을 소독할 수 있다.
2. 네일 화장품 제거	1. 파일 사용하기	1. 고객의 시술유형을 파악할 수 있다. 2. 기 시술된 화장품의 유형에 따라 파일을 선택할 수 있다. 3. 고객의 네일상태에 따라 파일의 사용을 결정할 수 있다. 4. 화장품의 제거상태에 따라 파일을 재 선택할 수 있다.
	2. 용매제 사용하기	1. 고객관리대장에 따라 고객의 시술유형을 파악할 수 있다. 2. 기 시술된 화장품의 유형에 따라 용매제를 선택할 수 있다. 3. 화장품의 용해정도에 따라 제거 상태를 확인할 수 있다. 4. 화장품의 용해정도에 따라 적합한 제거용 도구를 선택할 수 있다.
	3. 제거 마무리하기	1. 작업 상황에 따라 화장품의 완전 제거상태를 확인할 수 있다. 2. 고객의 요구에 따라 모양과 길이에 맞게 마무리할 수 있다. 3. 고객의 요구에 따라 네일표면을 매끄럽게 정리할 수 있다. 4. 고객의 네일상태에 따라 네일강화제를 도포할 수 있다. 5. 화장품 처리 매뉴얼에 따라 제거 시 배출된 잔여물들을 처리할 수 있다.

주요항목	세부항목	작업목표
3. 네일 기본관리	1. 프리에지 모양만들기	1. 시술 매뉴얼에 따라 네일파일을 사용할 수 있다. 2. 고객의 요구에 따라 프리에지 모양을 만들 수 있다. 3. 네일상태에 따라 표면을 정리할 수 있다. 4. 프리에지 밑 거스러미를 제거할 수 있다.
	2. 큐티클 정리하기	1. 시술 매뉴얼에 따라 핑거 볼에 손 담그기를 할 수 있다. 2. 시술 매뉴얼에 따라 족욕기에 발 담그기를 할 수 있다. 3. 고객의 큐티클 상태에 따라 유연제를 선택하여 사용할 수 있다. 4. 시술순서에 따라 도구를 선택할 수 있다. 5. 고객의 큐티클의 상태에 따라 큐티클을 정리할 수 있다.
	3. 컬러링 하기	1. 고객의 요구에 따라 폴리시 색상의 침착을 막기 위한 베이스 코트를 아주 얇게 도포할 수 있다. 2. 고객의 요구에 따라 컬러링 방법을 선정하고 폴리시를 도포할 수 있다. 3. 시술 매뉴얼에 따라 폴리시를 얼룩 없이 균일하게 도포할 수 있다. 4. 시술 매뉴얼에 따라 젤 폴리시를 얼룩 없이 균일하게 도포할 수 있다. 5. 시술 매뉴얼에 따라 젤 폴리시 시술 시 UV 램프를 사용할 수 있다. 6. 시술 매뉴얼에 따라 폴리시 도포 후 컬러 보호와 광택 부여를 위한 톱 코트를 바를 수 있다.
	4. 마무리하기	1. 계절에 따라 냉 · 온 타월로 손 · 발의 유분기를 제거할 수 있다. 2. 시술 방법에 따라 네일과 네일주변의 유분기를 제거할 수 있다. 3. 보습제의 선택 기준에 따라 제품을 선택하여 손 · 발에 보습제를 도포할 수 있다. 4. 사용한 제품의 정리정돈을 할 수 있다.

과제 개요

개요	손톱모양	세부과제	네일부위	배점	작업시간
매니큐어	라운드	풀 코트 (레드)	오른손(1~5지) – 소지, 약지, 중지, 검지(인지), 엄지(모지)	20점	30분
		프렌치 (화이트)			
		딥프렌치 (화이트)			
		그라데이션 (화이트)			

1 제1과제 준비하기

(1) 검정과제 준비하기

① 먼저 작업대(네일 테이블)를 소독제를 묻힌 화장솜으로 닦는다.

② 소독된 작업대 위로 타월과 키친타월, 손목 받침대를 세팅한 후 준비된 재료 정리대를 작업대 위에 올린다.

③ 작업대 내에 멸균거즈를 깔고 소독용기를 올린 후 알코올 수용액(알코올 70% + 물 30%)의 소독제를 만들어서 용기 내 ⅔ 정도로 채운다.

④ 과제 작업 시 사용되는 니퍼, 푸셔, 더스트 브러시, 클리퍼, 오렌지우드 스틱 등이 충분히 잠길 수 있도록 하여 알코올 수용액이 든 소독용기 내로 담가 둔다.

(2) 매니큐어 및 페디큐어 재료 정리대 준비하기

정리대에 과제작업에 요구되는 재료와 도구가 모두 세팅되었는지 확인한다.

소모품	재료	도구
손소독제(안티셉틱), 알코올, 소독용기, 오렌지우드 스틱, 솜통(멸균거즈, 솜)	지혈제, 큐티클 오일, 큐티클 리무버, 폴리시 리무버, 우드파일, 솜통(멸균거즈 · 솜 · 스펀지), 톱 코트, 베이스 코트, 샌딩블럭, 토우세퍼레이터, 폴리시(레드, 화이트)	핑거 볼, 보온병, 소독용기, 정리대(바구니), 니퍼, 푸셔, 더스트 브러시, 클리퍼, 분무기

(3) 준비물 및 재료도구

① 소독용기 세팅

• 멸균거즈를 정리대 바닥에 깔아두고 유리용기인 소독용기를 올린다.

• 70% 알코올 수용액을 유리용기 ⅔정도로 채운다.

• 알코올이 들어있는 유리용기에 니퍼, 푸셔, 클리퍼, 오렌지우드 스틱, 더스트 브러시를 담가 둔다.

② 제품 세팅

• 제품을 다른 용기에 덜어오는 것은 허용되지 않는다.

• 검정과제 작업 시에 요구되는 제품을 준비한다(사용하던 제품도 가능함).

• 단, 폴리시 리무버는 용기에 담겨진 형태로 덜어서 지참해도 된다.

③ 핑거 볼, 보온병, 분무기 등은 정리대(바구니) 밖으로 수험자가 동선을 생각해서 세팅할 수 있다.

④ 큐티클 연화작업에 사용되는 핑거 볼은 과제 작업 직전에 보온병의 미지근한 물을 부어서 사용한다.

⑤ 솜통, 멸균거즈, 화장솜, 스펀지, 페이퍼 타월은 뚜껑이 있는 용기에 보관한다.

⑥ 과제작업에 필요한 도구와 재료를 수험자의 작업 순서에 용이하게 작업대(네일 테이블)에 정리 정돈하여 세팅한다.

2 작업대(네일 테이블) 세팅

(1) 작업대

타월을 깔고 타월 위에 페이퍼 타월을 얹어 준비한다.

* 페이퍼 타월은 도구 소독이나 재료의 세팅, 브러시 등의 잔여물을 닦는 용도로 사용된다.

(2) 손목 받침대

40×80cm 정도의 쿠션 받침대로서 모델의 손목과 팔을 작업하기에 용이하게 하므로 모델 앞에 놓는다.

* 손목 받침대 대체물로 타월을 말아서 사용할 수 있다.

(3) 재료 정리대

과제 작업에 요구되는 도구와 재료가 세팅된 재료 정리대는 작업대(수험자의 관점에서) 오른편에 세팅한다.

(4) 위생봉투

작업대(수험자의 관점에서) 오른편에 스카치테이프를 사용하여 붙여놓는다.

1 공통 요구사항

(1) 준비하기

① 수험자와 모델은 과제 작업을 하기 위해 마스크를 착용해야 한다.

② 모델의 손과 손톱은 과제 규정에 맞게 구비되어야 한다.

③ 작업과제에 요구되는 준비물은 작업대에 잘 구비되어야 한다.

④ 소독용기에는 위생이 요구되는 필요도구가 알코올 수용액(70%)에 담가져 있어야 한다.

⑤ 수험자와 모델의 손과 손톱은 규정에 맞게 소독하여야 한다.

⑥ 작업순서(절차)는 정확하고 규정에 맞게 작업하여야 한다.

⑦ 작업과정과 절차에 따라 파일을 선택해야 하며, 조체 파일링 시 한쪽 방향으로 한다.

⑧ 자연조체의 프리에지 길이는 5mm 이내로서 라운드형이 좌·우 대칭으로 조형되어야 한다.

⑨ 푸셔와 니퍼 작업 시 올바른 자세와 사용방법을 통해 큐티클이 깔끔하게 정리되어야 한다.

(2) 마무리하기

① 조체 주변(표면, 아래 등)에 거스러미, 분진·먼지, 불필요한 오일, 네일폴리시 등이 묻어있지 않아야 한다.

② 제한된 시간 내로 과제작업을 완료해야 한다.

③ 다음 과제 작업 준비를 위해 작업대 주변과 재료 및 도구를 위생적으로 정리 정돈하여야 한다.

2 세부과제별 요구사항

세부과제	요구사항
풀 코트 레드	• 푸셔와 니퍼 작업 시 올바른 자세와 사용방법을 통해 큐티클이 깔끔하게 정리되어야 한다. • 레드 폴리시(펄이 함유되지 않은)는 큐티클 라인, 프리에지 단면, 조체면 등 일정 두께(2회 도포)로서 브러시 자국 없이 잘 발라야 한다.
프렌치 화이트	• 화이트 폴리시(펄이 함유되지 않은)는 브러시 자국 없이 일정한 두께(2회 도포)로서 프리에지 단면과 스마일 라인이 스트레스 포인트를 중심으로 좌우대칭으로 선명하고 깊이 있게 도포되어야 한다.
딥프렌치 화이트	• 화이트 폴리시(펄이 함유되지 않은)는 브러시 자국 없이 일정한 두께(가로 도포 1회, 세로 도포 1회)를 유지해야 한다. • 폴리시 도포 시 조체면 ½ 이상에서 프렌치(스마일)라인을 선명하고 깊이 있게 좌우대칭이 되게 조형해야 한다.
그라데이션 화이트	• 화이트 폴리시(펄이 함유되지 않은)를 스펀지에 착색시켜 프리에지 단면에서부터 점점 옅게 조체면 ½선을 향해 그라데이션한다.

3 감점요인

세부과제	감점요인
풀 코트(레드) 컬러링	• 프리에지가 라운드로 조형이 되어 있지 않을 때 • 자연네일 파일링 시 문지르거나 비볐을 때 • 순수 빨간색(펄이 첨가되지 않은)을 도포하지 않았을 때 • 프리에지 단면에 컬러 도포가 미숙할 때 • 톱 코트 후 오일을 사용하였을 때
프렌치(화이트) 컬러링	• 프리에지가 라운드로 조형이 되어 있지 않을 때 • 자연네일 파일링 시 문지르거나 비볐을 때 • 프렌치 라인의 너비가 3~5mm 이하가 되지 않았을 때 • 스마일 라인이 완만하지 않았을 때 • 프리에지 단면에 컬러 도포가 미숙할 때 • 톱 코트 후 오일을 사용하였을 때
딥프렌치 · 그라데이션 (화이트) 컬러링	• 프리에지가 라운드로 조형이 되어 있지 않을 때 • 자연네일 파일링 시 문지르거나 비볐을 때 • 손톱 전체 길이의 ½ 이상이 되지 않았을 때 • 루룰라(반월) 부분을 침범하였을 때 • 프리에지 단면에 컬러 도포가 미숙할 때 • 톱 코트 후 오일을 사용하였을 때
그 외	• 작업 시 출혈이 생겼을 때 • 복장, 네일 준비사항이 미흡할 때 • 시술도중 재료 또는 도구를 꺼내는 경우

채점기준

준비 및 위생상태	시술절차(순서)	기술의 정확성	부위별 조화 및 숙련도	완성도	총계
2	5	7	4	2	20

한눈에 보는 매니큐어 시술과정

풀 코트(레드)

프렌치(화이트)

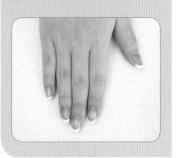

딥프렌치(화이트)

그라데이션(화이트)

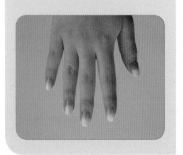

공통 과정

❶ 소독하기

❷ 폴리시 제거하기

❸ 손톱 모양잡기

❹ 손톱 담그기

❺ 큐티클 정리하기

❻ 소독제 분무하기 및 유분기 제거하기

❼ 베이스 코트 바르기

❽ 풀 코트 컬러링하기　　❾ 톱 코트 바르기

 >

❽ 프렌치 컬러링하기　　❾ 톱 코트 바르기

 >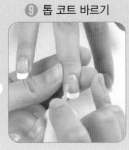

❽ 딥프렌치 컬러링하기　　❾ 톱 코트 바르기

 >

❽ 스폰지에 폴리시 바르기　　❾ 그라데이션 컬러링하기　　❿ 톱 코트 바르기

 > 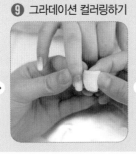 >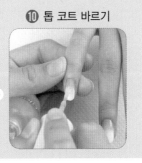

요 구 사 항

※ **지참 재료 및 도구를 사용하여 아래의 요구사항대로 풀 코트 매니큐어를 완성하시오.**

① 과제를 수행하기 위해 수험자의 손 및 모델의 손과 손톱을 소독하시오.

② 모델의 오른손에 도포되어 있는 네일 폴리시를 깨끗하게 제거하시오.

③ 오른손 5개의 손톱(1~5지)에 습식 매니큐어를 실시하시오.

④ 손톱 프리에지의 형태는 라운드(스트레스 포인트에서부터 프리에지까지 직선이 존재하고, 끝 부분은 라운드 형태를 이루어야 하며, 프리에지 어느 곳에서도 각이 없는 상태)로 조형하시오.

⑤ 손톱 주변 큐티클을 오렌지우드 스틱 또는 큐티클 푸셔를 사용하여 안전하게 밀어주시오.

⑥ 큐티클 니퍼를 사용하여 손톱 주변의 불필요한 손거스러미 등을 정리하시오.

⑦ 펄이 첨가되지 않은 순수 빨간색 네일 폴리시를 사용하여 오른손 손톱 모두를 풀 코트로 완성하시오.

⑧ 컬러 도포 시 프리에지 단면의 앞 선까지 모두 도포하시오.

⑨ 베이스 코트 1회 – 빨간색 폴리시 2회 – 톱 코트 1회의 도포 순서로 완성하시오.

수 험 자 유 의 사 항

① 모델 손톱의 준비상태는 빨간색 폴리시가 풀 컬러로 도포된 스퀘어 형태를 유지하시오.

② 자연네일 파일링 시 문지르거나 비비지 말고 한쪽 방향으로 파일링하시오.

③ 길이는 옐로우 라인의 중심에서 5mm 이내의 길이로 일정하게 작업하시오.

④ 큐티클 연화제(큐티클 오일, 리무버, 크림), 멸균거즈는 작업 상황에 맞도록 적절히 사용하시오.

⑤ 톱 코트 후 마무리 시 오일을 사용하지 마시오.

⑥ 컬러 도포 시 네일 폴리시의 전용 브러시를 사용하시오.

⑦ 큐티클 니퍼, 큐티클 푸셔, 클리퍼, 네일 더스트 브러시, 오렌지우드 스틱(푸셔용)은 알코올 수용액이 든 소독 용기에 담가 두시오.

1 손 소독하기

손 소독은 수험자와 모델 둘 다 해야 하며, 폴리시 제거는 모델의 오른손 소지부터 시작한다.

(1) 수험자의 손 소독하기

- 솜 또는 멸균거즈(소독제를 3회 정도 뿌려서 또는 적셔진 상태)를 사용한다(❶).
- 수험자(본인) 양손을 번갈아가면서 손등, 손바닥 등을 소독하기 위해 닦아낸다(❷~❻).

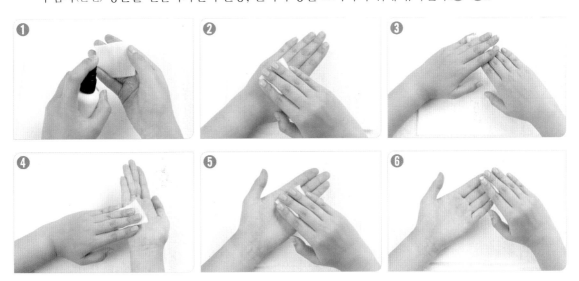

(2) 모델 손 소독하기

- 모델의 손을 수험자의 손과 동일한 소독 방법으로 솜(또는 멸균거즈)을 이용하여 손등을 닦는다(❶~ ❸).

- 손바닥을 닦아낸다(❹~❻).

2 폴리시 제거하기

- 오른손의 다섯 손가락 중에 소지 → 약지 → 중지 → 인지 → 모지로 이행하면서 조체면, 그루브(조곽) 좌우, 프리에지(자유연)를 중심으로 얼룩지지 않게 섬세히 닦아낸다.
- 오렌지우드 스틱은 미리 소독용기에 꽂아 두고 사용 직전에 끝에 코튼을 감아서 작업한다.

(1) 조체면 컬러링 지우기

- 솜에 네일 폴리시 리무버를 적셔 모델의 컬러링된 손톱(소지) 위에 얹는다(❶).
- 엄지와 검지를 이용하여 조체면 위에 얹혀진 솜을 네일 그루브 사이로 문지르면서 조체 중앙으로 모아 닦으면서 빼준다(❷, ❸).

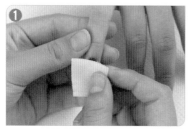
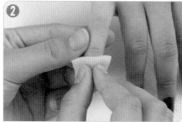

- 프리에지(자유연) 아래위로 깔끔히 닦아준다(❹~❻).

- 소독용기에 담긴 오렌지우드 스틱의 물기를 제거한 후 화장솜으로 말아서 큐티클 라인과 그루브, 프리에지에 낀 폴리시를 섬세히 닦아낸다(❼~❾).

3 손톱모양잡기

(1) 조체 모양다듬기

조체의 오른편 스트레스 포인트에서 손톱의 정중앙을 향하여 파일링한 후(❶), 왼편 스트레스 포인트에서 손톱의 정중앙을 향하여 한쪽 방향으로 파일링한다(❷).

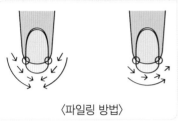

〈파일링 방법〉

> **주의**
> * 에머리보드(우드) 파일을 이용하여 모델의 소지에서부터 시작하여 약지, 중지, 인지, 모지의 순서로 프리에지를 좌우대칭의 라운드형으로 파일링한다.
> * 파일링은 그림과 같이 한쪽 방향으로 한다(파일링 시 문지르거나 비벼서 사용할 때는 감점처리 됨).

(2) 조체표면 샌딩하기

수험자는 샌딩블럭을 모지와 중지로 잡고 모델 조체의 측면과 정면, 측면 프리에지 등을 버핑해 준다(❶~❸).

> **주의**
> * 조체면이 고르지 않을 경우 샌딩블럭을 사용하여 라운드를 그리면서 조체면을 부드럽게 샌딩한다.
> * 파일 시 생기는 거스러미도 샌딩파일로 버핑하여 제거한다.

(3) 거스러미 제거 및 털어내기

- 소독용기에서 꺼낸 더스트 브러시의 물기를 멸균거즈로 제거한다(❶).
- 손톱면과 프리에지 밑까지 조체에서 나온 불필요한 잔해를 털어준다(❷~❹).

> ✔ 주의
> * 라운드 패드는 재료목록에는 없지만 추가 지참이 가능하다.
> * 라운드 패드를 이용하여 손톱면을 정리하고 거스러미를 제거할 수 있다.

4 핑거 볼에 손톱 담그기

(1) 큐티클 연화시키기

- 보온병에 담아 온 미온수를 핑거 볼에 ½~⅔ 정도 붓는다(①).
- 수험자가 모델의 오른쪽 손을 잡고 핑거 볼에 손가락을 담가 큐티클을 연화시킨다(②, ③).

> ✔ 주의
> * 보온병의 물은 사용 직전 또는 사전작업 전에 핑거 볼에 넘치지 않도록 부어 사용하도록 한다.

(2) 손가락 물기 닦아내기

핑거 볼에서 꺼낸 모델의 손을 페이퍼 타월로 감싸서 손가락 사이사이의 물기를 제거한다(①~③).

5 큐티클 정리하기

큐티클은 푸셔를 이용하여 조체면이 스크래치가 나지 않게 약 45° 정도로 쥐고 조금씩(큐티클 라인 안쪽으로 들어가지 않도록) 밀어준다.

(1) 큐티클 리무버 바르기 및 밀어올리기

• 큐티클을 연화시키기 위해 큐티클 리무버 또는 큐티클 오일 등을 바른 후 소독용기에서 꺼낸 푸셔의 물기를 멸균거즈로 제거한다(❶, ❷).

• 푸셔를 연필 잡듯이 쥐고 조체면에 얹어 45°로 밀어올린다. 특히 그루브(조곽면)는 가볍고 안전하게 밀어준다(❸~❺).

(2) 큐티클 잘라내기

• 소독용기에서 꺼낸 니퍼의 물기를 멸균거즈로 제거한 후, 조체면 45°로 하여 니퍼의 앞날 ½ 정도는 큐티클에 닿도록 하고 뒷날은 닿지 않도록 하여 자른다(❶).
• 오른쪽 측조곽 면은 니퍼 날의 ⅓면을 사용하여 손등이 보이도록 쥐고, 앞쪽 방향으로 큐티클을 잘라 나간다(❷).

• 왼쪽 측조곽 면은 니퍼 날을 손바닥이 보이도록 쥐고, 왼쪽 측조곽에서 후조곽(큐티클) 방향으로 상처가 나지 않도록 자른다(❸).

✔ 주의

* 푸셔로 밀어올린 큐티클과 각질을 니퍼로 자른다. 니퍼의 삼각날 앞부분을 큐티클 안쪽으로 넣고, 뒷날은 닿지 않게 조체면 45°로 작업함으로써 조체면에 스크래치를 내지 않게 한다.
* 수험자는 왼손으로 모델의 작업할 손을 모지와 인지로 쥐고, 오른손으로 니퍼를 잡고 큐티클을 정리한다. 이때 수험자의 모지는 큐티클을 위쪽으로 올려주듯이 밀어서 잡으면 큐티클을 수월하게 정리할 수 있다.
* 큐티클 니퍼 작업 시, 2~3회 반복하더라도 깔끔히 정리되어야 한다.

6 손 소독제 분무하기

큐티클 정리 및 제거에 의해 민감해진 손의 피부를 진정시키기 위해 소독제를 분무한다.

• 큐티클 정리 및 제거가 끝난 후 조상연 및 큐티클 주위에 소독제를 뿌려준다(❶~❸).

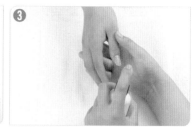

• 모델의 손등과 손가락 사이에 도포된 소독제를 페이퍼 타월로 제거한다(❹~❻).

7 매니큐어 컬러링하기

(1) 유분기 제거하기

- 오렌지우드 스틱 끝에 솜을 말아 폴리시 리무버를 적신다(❶~❸).
- 손톱 표면과 프리에지 부분까지 유분기를 제거한다(❹~❻).

> ✔ 주의
>
> * 큐티클 라인의 유분기를 제거하는 작업과정은 네일 폴리시가 고르게 잘 발리도록 하기 위해서이다.
> * 유분기 처리 시에는 면봉 처리된 오렌지우드 스틱을 사용할 수 있다.

(2) 베이스 코트 바르기

베이스 코트는 손톱판 위에 폴리시 컬러링 운행에 따른 방법에서와 같이 중앙 → 왼쪽 → 오른쪽 순서로 1회 얇게 발라준다(❶~❸).

> ✔ 주의
>
> * 소지 → 약지 → 중지 → 인지 → 모지(5지 → 1지) 순으로 브러시를 조체면에 45°로 유지하면서 1회 정도 얇게 발라준다.

(3) 폴리시 컬러링

- 순수 레드 폴리시(펄이 첨가되지 않은)를 2회 도포한다.
- 레드 폴리시 컬러링 시 색의 경계선(겹쳐지거나)이 매끄럽게 발려야 한다.
- 큐티클 라인 또는 그루브 주변으로 넘치거나 모자라지 않게 일정한 선을 유지해야 한다.
- 브러시에 폴리시를 적신 후 병 입구에서 폴리시의 양을 조절하기 위하여 앞뒤로 가볍게 쓸어 준다.
- 수험자의 관점에서는 모델의 오른손의 조체면은 중앙(①), 왼쪽(②), 오른쪽(③) 면이며 프리에지는 왼쪽에서 오른쪽(④)으로 브러시가 운행된다.

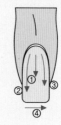

① 1차 폴리시 도포 방법

- 손톱의 중앙 큐티클 라인 1mm 정도 띄우고 프리에지 방향으로 컬러링한다(❶).
- 손톱의 왼쪽면에 컬러링한 후 겹치는 부분은 가볍게 한 번 더 컬러링한다(❷).
- 손톱의 오른쪽 면에 컬러링한 후 겹치는 부분은 가볍게 한 번 더 컬러링한다(❸, ❹).
- 폴리시 브러시를 세워서 프리에지를 왼쪽에서 오른쪽으로 컬러링한다(❺, ❻).

② 2차 폴리시 도포 방법

- 2차 레드 폴리시 도포 시 폴리시 브러시 운행은 ❶~❻의 순서로 1회씩만 발라준다.

(4) 톱 코트 바르기

베이스 코트 바르기와 동일하게 조체면의 중앙 → 왼쪽 → 오른쪽 → 프리에지 밑 부분까지 얇게 1회 발라준다(❶~❻).

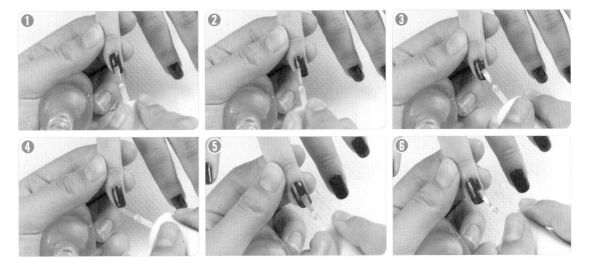

✔ 주의

* 네일 폴리시를 2회 도포 후 광택을 주기 위해 톱 코트를 1회 바른다.
* 폴리시 브러시를 조체면에 45°로 유지하면서 얇게 바른다.
* 톱 코트 도포 후에는 오일을 재사용하지 않는다.
* 도포 순서는 소지 → 약지 → 중지 → 인지 → 모지로 이행한다.

8 마무리하기

오렌지우드 스틱에 솜을 말아(또는 거즈 사용) 네일 리무버를 적셔 손톱 주변에 묻은 폴리시를 소지에서 시작하여 모지까지 순서대로 닦아낸다(❶~❸).

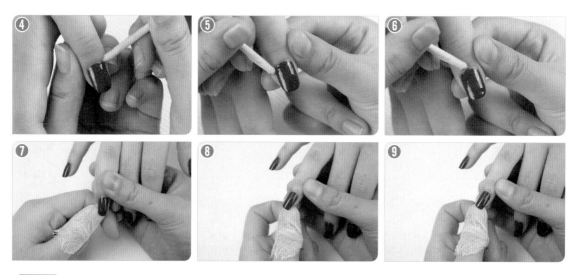

▶ 풀 코트(레드) 컬러링 완성

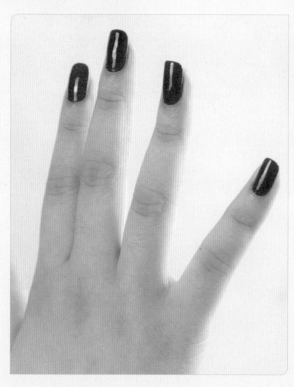

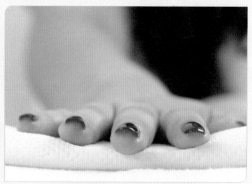

> **정리해보기**

자연손톱 손질

손 소독하기(수험자+모델) → 네일 폴리시 제거하기 → 손톱모양 다듬기(파일) → 샌딩하기 → 거스러미 제거 및 털어내기 → 큐티클 연화시키기 → 손가락 물기 말리기 → 큐티클 리무버(오일) 바르기 → 큐티클 밀어 올리기 → 큐티클 잘라내기 → 큐티클 소독하기(모델) → 유분기 제거하기

컬러링 절차

베이스 코트 1회 → 폴리시 컬러링 2회 → 톱 코트 1회

작업대 정리하기

• 사용한 재료 및 도구들은 소독처리하며 주변을 정리한다.
• 오렌지우드 스틱은 1회용이므로 사용 후에는 위생봉투에 폐기 처리한다.
• 사용된 소모품(솜, 거즈, 페이퍼 타월) 등은 반드시 위생봉투에 넣어 폐기 처리한다.

펄이 함유되지 않은 화이트 폴리시를 프리에지에 일정 두께의 프렌치(스마일) 라인이 선명하게 좌우대칭으로 매끄럽게 도포하여야 한다. 모델의 오른손 다섯 손가락의 소지 → 약지 → 중지 → 인지 → 모지 순서로 프렌치 컬러링 도포를 진행한다.

요 구 사 항

※ 지참 재료 및 도구를 사용하여 아래의 요구사항대로 프렌치 컬러링을 완성하시오.

① 과제를 수행하기 위해 수험자의 손 및 모델의 손과 손톱을 소독하시오.
② 모델의 오른손에 도포되어 있는 네일 폴리시를 깨끗하게 제거하시오.
③ 오른손 5개의 손톱(1~5지)에 습식 매니큐어를 실시하시오.
④ 손톱 프리에지의 형태는 라운드(스트레스 포인트에서부터 프리에지까지 직선이 존재하고, 끝 부분은 라운드 형태를 이루어야 하며, 프리에지 어느 곳에서도 각이 없는 상태)로 조형하시오.
⑤ 손톱 주변 큐티클을 오렌지우드 스틱 또는 큐티클 푸셔를 사용하여 안전하게 밀어주시오.
⑥ 큐티클 니퍼를 사용하여 손톱 주변의 불필요한 손거스러미 등을 정리하시오.
⑦ 펄이 첨가되지 않은 순수 흰색 네일 폴리시를 사용하여 오른손 손톱 모두를 프렌치로 완성하시오. 단, 프렌치 라인의 상하 너비는 3~5mm이어야 하며 완만한 스마일 라인으로 완성하시오.
⑧ 컬러 도포 시 프리에지 단면의 앞 선까지 모두 도포하시오.
⑨ 베이스 코트 1회 – 흰색 폴리시 2회 – 톱 코트 1회의 도포 순서로 완성하시오.

수 험 자 유 의 사 항

① 모델 손톱의 준비상태는 빨간색 폴리시가 풀 컬러로 도포된 스퀘어 형태를 유지하시오.
② 자연네일 파일링 시 문지르거나 비비지 말고 한쪽 방향으로 파일링하시오.
③ 길이는 옐로우 라인의 중심에서 5mm 이내의 길이로 일정하게 작업하시오.
④ 큐티클 연화제(큐티클 오일, 리무버, 크림), 멸균거즈는 작업 상황에 맞도록 적절히 사용하시오.
⑤ 톱 코트 후 마무리 시 오일을 사용하지 마시오.
⑥ 컬러 도포 시 네일 폴리시의 전용 브러시를 사용하시오.
⑦ 큐티클 니퍼, 큐티클 푸셔, 클리퍼, 네일 더스트 브러시, 오렌지우드 스틱(푸셔용)은 알코올 수용액이 든 소독 용기에 담가 두시오.

1 1차 프리퍼레이션

- 풀 코트 컬러링 시 습식 매니큐어(손톱 손질과정)와 동일하므로 참조바람
- 소독(수험자 및 모델)하기 → 폴리시 지우기 → 손톱모양 만들기 → 표면정리 및 거스러미 제거하기 → 핑거 볼에 손가락 담그기 → 물기 제거하기 → 큐티클 오일 바르기 → 큐티클 밀어올리기 → 큐티클 정리하기 → 소독제 분사하기→ 손가락 물기 말리기 → 유분기 제거하기 등으로 손톱 손질과정이다. 이러한 절차를 1차 프리퍼레이션이라 칭한다.

2 베이스 코트 바르기

> * 베이스 코트는 손톱 손질(1차 프리퍼레이션) 단계가 끝난 조체에 착색을 방지하고 네일 폴리시가 잘 밀착되도록 한다.

- 조체의 중앙 → 왼쪽 → 오른쪽 순서로 베이스 코트를 바른다(❶~❸).

3 프리에지(프렌치) 컬러링

> * 프리에지 정중앙에서 3~5mm 폭으로 완만한 프렌치 라인을 만든다.
> * 화이트 폴리시는 자연네일의 옐로우 라인을 따라 완만한 프렌치(스마일) 라인을 형성시킨다.
> * 양측 스트레스 포인트 간 대칭이 되도록 화이트 폴리시를 섬세하게 도포한다.
> * 프렌치 라인은 조체의 중앙 → 왼쪽 → 오른쪽 → 프리에지 끝(단면)을 순서로 자연스러운 선을 가늠하여 1회 도포한다.
> * 2회(재도포 시)는 왼쪽 스트레스 포인트에서 조체의 중앙으로 손목을 이용하여 브러시를 굴리면서 도포한 후, 오른쪽 스트레스 포인트를 향해 프리에지 라인을 따라 손목을 이용하여 브러시를 부드럽게 굴려서 도포한다.

- 오른쪽 옐로우 라인 시작점인 스트레스 포인트에서 시작하여 프리에지 정중앙선과 만난다(❶~❸). 왼쪽 옐로우 라인 시작점인 스트레스 포인트에서 시작하여 프리에지 라인의 중앙을 지나 오른쪽 스트레스 포인트까지 이어 도포한다.

- 2회차 재도포한다(❹~❻). 1회 도포 방법과 동일하게 실행한다.

4 톱 코트 바르기

프리에지 컬러링된 조체면 전체에 중앙 → 왼쪽 → 오른쪽 순서로 톱 코트를 풀 커버로 하여 1회 도포한다(❶~❸).

> ✔ 주의
>
> * 폴리시 리무버를 적신 면봉 처리된 오렌지우드 스틱 또는 멸균거즈에 리무버를 적셔 손톱 주변에 묻은 폴리시를 제거한다.

> 프렌치 컬러링 완성

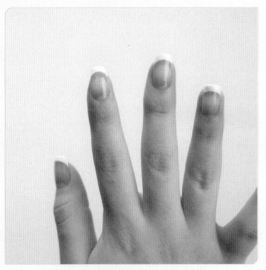

> 정리해보기

프렌치 컬러링 절차

1차 프리퍼레이션 → 베이스 코트 1회 도포 → 프리에지 컬러링 2회 도포 → 톱 코트 1회 도포 → 완성

작업대 정리하기

프렌치 컬러링에 사용된 재료와 도구는 정리대에 넣고 다음 과제를 수행하기 위해 작업대를 깔끔하게 정리한다.

Chapter **03**

딥프렌치 컬러링

펄이 첨가되지 않은 화이트 폴리시로 조체 전체 길이 ½ 이상이 되도록 프렌치(스마일) 라인을 라운드 모양으로 선명하게 만든다. 반월을 침범하지 않은 딥프렌치 컬러링은 양측 스트레스 포인트 간에 대칭을 이루는 라인을 완성해야 한다. 모델의 오른손 다섯 손가락의 소지 → 약지 → 중지 → 인지 → 모지 순서로 딥프렌치 컬러링 도포를 진행한다.

요구사항

※ **지참 재료 및 도구를 사용하여 아래의 요구사항대로 딥프렌치 컬러링을 완성하시오.**

① 과제를 수행하기 위해 수험자의 손 및 모델의 손과 손톱을 소독하시오.

② 모델의 오른손에 도포되어 있는 네일 폴리시를 깨끗하게 제거하시오.

③ 오른손 5개의 손톱(1~5지)에 습식 매니큐어를 실시하시오.

④ 손톱 프리에지의 형태는 라운드(스트레스 포인트에서부터 프리에지까지 직선이 존재하고, 끝 부분은 라운드 형태를 이루어야 하며, 프리에지 어느 곳에서도 각이 없는 상태)로 조형하시오.

⑤ 손톱 주변 큐티클을 오렌지우드 스틱 또는 큐티클 푸셔를 사용하여 안전하게 밀어주시오.

⑥ 큐티클 니퍼를 사용하여 손톱 주변의 불필요한 손거스러미 등을 정리하시오.

⑦ 펄이 첨가되지 않은 순수 흰색 네일 폴리시를 사용하여 오른손 손톱 모두를 딥프렌치로 완성하시오. 단, 딥프렌치 라인은 손톱 전체 길이의 ½ 이상인 부분이어야 하며, 반월 부분은 침범하지 않도록 하시오.

⑧ 컬러 도포 시 프리에지 단면의 앞 선까지 모두 도포하시오.

⑨ 베이스 코트 1회 – 흰색 폴리시 2회 – 톱 코트 1회의 도포 순서로 완성하시오.

수험자 유의사항

① 모델 손톱의 준비상태는 빨간색 폴리시가 풀 컬러로 도포된 스퀘어 형태를 유지하시오.

② 자연네일 파일링 시 문지르거나 비비지 말고 한쪽 방향으로 파일링하시오.

③ 길이는 옐로우 라인의 중심에서 5mm 이내의 길이로 일정하게 작업하시오.

④ 큐티클 연화제(큐티클 오일, 리무버, 크림), 멸균거즈는 작업 상황에 맞도록 적절히 사용하시오.

⑤ 톱 코트 후 마무리 시 오일을 사용하지 마시오.

⑥ 컬러 도포 시 네일 폴리시의 전용 브러시를 사용하시오.

⑦ 큐티클 니퍼, 큐티클 푸셔, 클리퍼, 네일 더스트 브러시, 오렌지우드 스틱(푸셔용)은 알코올 수용액이 든 소독 용기에 담가 두시오.

1 1차 프리퍼레이션

- 풀 코트 컬러링 시 습식 매니큐어(손톱손질 과정)와 동일하므로 참조바람
- 소독(수험자, 모델)하기 → 폴리시 지우기 → 손톱 모양만들기 → 표면정리 및 거스러미 제거하기 → 핑거 볼에 손가락 담그기 → 물기 제거하기 → 큐티클 오일 바르기 → 큐티클 밀어올리기 → 큐티클 정리하기 → 소독제 분사하기 → 손가락 물기 말리기 → 유분기 제거하기

2 베이스 코트 바르기

> * 베이스 코트는 손톱 손질(1차 프리퍼레이션) 단계가 끝난 조체에 착색을 방지하고 네일 폴리시가 잘 밀착되도록 한다.

- 베이스 코트는 조체면의 중앙 → 왼쪽 → 오른쪽 순으로 베이스 코트 브러시를 이용하여 1회 얇게 바른다(❶~❸).

3 딥프렌치 컬러링

- 화이트 폴리시의 브러시를 조체면의 ½ 이상에서 왼쪽 그루브를 시작으로 오른쪽 그루브까지 프렌치 라인을 긋는다. 왼쪽에서 시작되는 반원의 흐름에 따라 가운데 선을 약간 지난 후 오른쪽 반월 선에서 가운데로 이어 선명한 프렌치 라인을 만든다. 프렌치 면을 가로 긋기로 채워 1회 도포한다(❶~❼).

- 프렌치(스마일) 라인을 경계로 세로(오른쪽에서 오버 랩 기술)로 왼쪽에서 오른쪽을 향해 오버랩 방식으로 2차 도포한다(⑧~⑩).

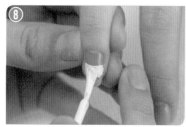

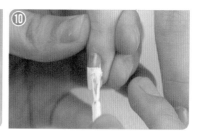

- 프리에지 밑까지 도포한다(⑪~⑬).

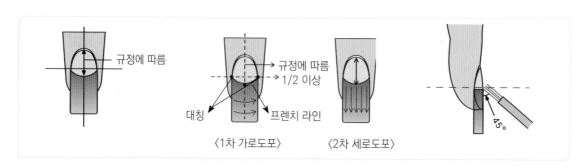

✔ 주의

＊ 조체면에 대하여 세로 45°로 재도포(손톱면의 ½ 이상)하나 얼룩이 생길 경우 3번까지도 도포할 수 있다.

4 톱 코트 바르기

조체면 전체에 톱 코트를 딥프렌치 컬러링된 조체의 중앙 → 왼쪽 → 오른쪽 → 프리에지 밑의 순으로 풀 커버한다(❶~❸).

5 마무리하기

오렌지우드 스틱에 솜을 말아(또는 거즈 사용) 네일 리무버를 적셔 손톱 주변에 묻은 묻은 폴리시를 소지에서 시작하여 모지까지 순서대로 닦아낸다(❶~❻).

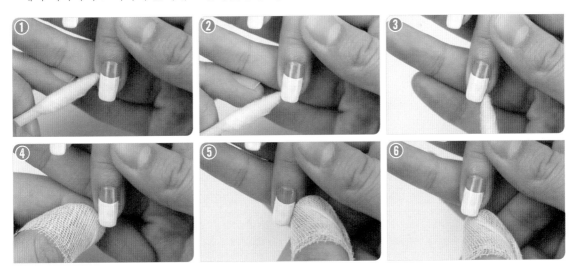

✔ 주의

＊ 사용된 재료 및 도구는 정리함에 넣고 다음 과제 준비를 위해 작업대 위를 깨끗하게 정리한다.

딥프렌치 컬러링 완성

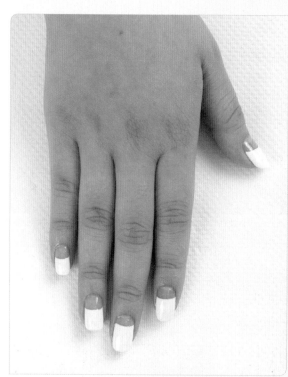

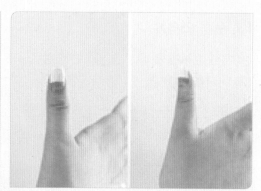

정리해보기

딥 프렌치 컬러링 절차

1차 프리퍼레이션 → 베이스 코트 1회 → 딥프렌치 컬러링 2~3회 → 톱 코트 1회

작업대 정리하기

딥프렌치 컬러링 후 사용된 재료와 도구 등은 재료 정리대에 위생적으로 처리하고 작업대 위를 깔끔하게 정리한다.

Chapter 04 그라데이션 컬러링

펄이 첨가되지 않은 화이트 폴리시를 도포한 스펀지를 사용한다. 조체 전체에 완벽한 그라데이션(프리에지 단면(끝이 가장 짙고 반월 부분으로 갈수록 엷어지도록)이 되도록 가볍게 두드리면서 조체 전체의 길이 중 ½ 이상 되도록 그라데이션 컬러링 한다. 모델의 오른손 다섯 손가락의 소지 → 약지 → 중지 → 인지 → 모지 순서로 그라데이션 컬러링을 진행한다.

요 구 사 항

※ **지참 재료 및 도구를 사용하여 아래의 요구사항대로 그라데이션 컬러링을 완성하시오.**

① 과제를 수행하기 위해 수험자의 손 및 모델의 손과 손톱을 소독하시오.
② 모델의 오른손에 도포되어 있는 네일 폴리시를 깨끗하게 제거하시오.
③ 오른손 5개의 손톱(1~5지)에 습식 매니큐어를 실시하시오.
④ 손톱 프리에지의 형태는 라운드(스트레스 포인트에서부터 프리에지까지 직선이 존재하고, 끝 부분은 라운드 형태를 이루어야 하며, 프리에지 어느 곳에서도 각이 없는 상태)로 조형하시오.
⑤ 손톱 주변 큐티클을 오렌지우드 스틱 또는 큐티클 푸셔를 사용하여 안전하게 밀어주시오.
⑥ 큐티클 니퍼를 사용하여 손톱 주변의 불필요한 손거스러미 등을 정리하시오.
⑦ 펄이 첨가되지 않은 순수 흰색 네일 폴리시를 사용하여 오른손 손톱 모두를 그라데이션으로 완성하시오. 단, 그라데이션 범위는 손톱 전체 길이의 ½ 이상 부분이어야 하며, 그라데이션은 스펀지를 이용하여 표현하되, 반월 부분은 침범하지 않도록 하시오.
⑧ 컬러 도포 시 프리에지 단면의 앞 선까지 모두 도포하시오.
⑨ 베이스 코트 1회 – 흰색 그라데이션 도포 – 톱 코트 1회의 도포 순서로 완성하시오.

수 험 자 유 의 사 항

① 모델 손톱의 준비상태는 빨간색 폴리시가 풀 컬러로 도포된 스퀘어 형태를 유지하시오.
② 자연네일 파일링 시 문지르거나 비비지 말고 한쪽 방향으로 파일링하시오.
③ 길이는 옐로우 라인의 중심에서 5mm 이내의 길이로 일정하게 작업하시오.
④ 큐티클 연화제(큐티클 오일, 리무버, 크림), 멸균거즈는 작업 상황에 맞도록 적절히 사용하시오.
⑤ 톱 코트 후 마무리 시 오일을 사용하지 마시오.
⑥ 컬러 도포 시 네일 폴리시의 전용 브러시를 사용하시오.
⑦ 큐티클 니퍼, 큐티클 푸셔, 클리퍼, 네일 더스트 브러시, 오렌지우드 스틱(푸셔용)은 알코올 수용액이 든 소독 용기에 담가 두시오.

1 1차 프리퍼레이션

- 풀 코트 컬러링 시 습식 매니큐어(손톱손질 과정)와 동일하므로 참조바람
- 소독(수험자, 모델)하기 → 폴리시 지우기 → 손톱 모양만들기 → 표면정리 및 거스러미 제거하기 → 핑거 볼에 손가락 담그기 → 물기 제거하기 → 큐티클 오일 바르기 → 큐티클 밀어올리기 → 큐티클 정리하기 → 소독제 분사하기→ 손가락 물기 말리기 → 유분기 제거하기

2 베이스 코트 바르기

* 1차 프리퍼레이션 단계가 끝난 조체에 착색을 방지하고 컬러가 잘 밀착되도록 베이스 코트를 바른다.

베이스 코트의 브러시를 조체면에 45°로 하여 중앙 → 왼쪽 → 오른쪽 순서로 바른다(❶~❸).

3 스펀지에 폴리시 바르기

* 폴리시를 착색시킨 스펀지는 호일에 가볍게 톡톡 두드린 후, 손톱면에 직접 두드리면 자연스러운 그라데이션을 표현할 수 있다.
* 스펀지에 폴리시를 바른 후 직접 손톱에 두드려 그라데이션을 표현할 수도 있다(수험자들의 방식에 따라 선택 가능).

- 스펀지 끝의 ⅓ 정도에 화이트 폴리시를 착색시키고, ⅔ 정도는 내추럴 폴리시를 묻힌다(❶, ❷).
- 화이트 폴리시를 입힌 스펀지를 호일에 대하여 직각(90°)으로 두드린다(❸).

4 그라데이션 컬러링하기

스펀지를 손톱면 ½선에서부터(투명 컬러) 프리에지와 프리에지 단면(끝)을 향하여 옅은 색에서부터 점차 강하고 짙은 색으로 그라데이션이 되도록 손톱면에 대하여 직각(90°)으로 반복하여 여러 번 두드린다(❶~❽).

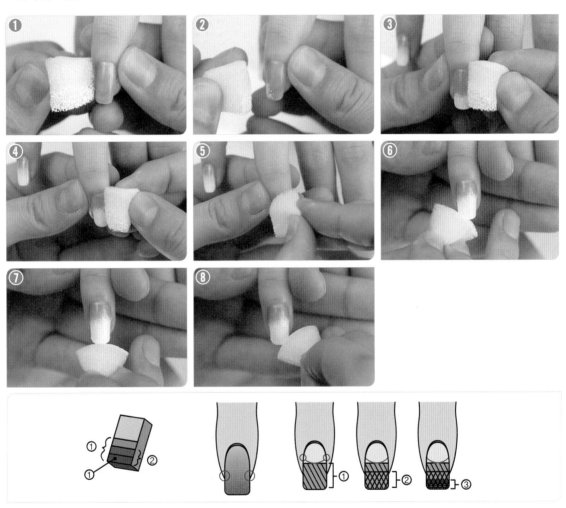

✔ 주의

* 조체 주변에 묻은 폴리시는 오렌지우드 스틱을 리무버에 적신 후 닦아준다.

5 톱 코트 바르기

그라데이션 컬러링된 조체면의 풀 커버로 톱 코트를 중앙 → 오른쪽 → 왼쪽 순서로 바른다(❶~❻).

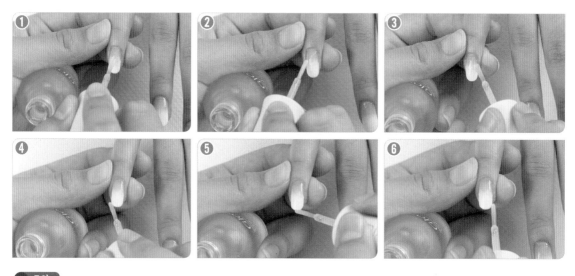

> ✔ 주의
>
> * 폴리시 리무버를 적신 면봉 처리된 오렌지우드 스틱 또는 멸균거즈를 사용하여 손톱 주변에 묻은 컬러를 닦아낸다.

6 마무리하기

오렌지우드 스틱에 솜을 말아(또는 거즈 사용) 네일 리무버를 적셔 손톱 주변에 묻은 폴리시를 소지에서 시작하여 모지까지 순서대로 닦아낸다(❶~❻).

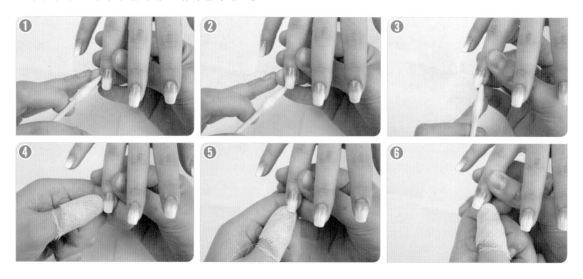

❯ 그라데이션 컬러링 완성

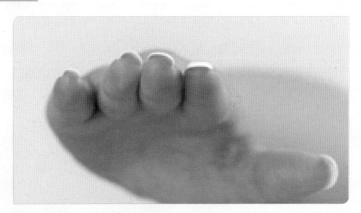

❯ 정리해보기

그라데이션 컬러링 절차

1차 프리퍼레이션 → 베이스 코트 1회 → 그라데이션 컬러링(흰색 폴리시, 스펀지를 이용) → 톱 코트 1회

작업대 정리하기

그라데이션 컬러링 후 사용된 재료와 도구는 재료 정리대에 위생적으로 처리하고 작업대 위를 깔끔하게 정리한다.

제 1-2 과제

페디큐어

페디큐어 세부과제

작업목표

주요항목	세부항목	작업목표
1. 네일 위생	1. 미용 기구 소독하기	1. 기구유형에 따라 효율적인 소독방법을 결정할 수 있다. 2. 소독방법에 따라 네일미용 기기를 소독할 수 있다. 3. 소독방법에 따라 네일시술용 도구를 소독할 수 있다. 4. 소독방법에 따라 네일미용용품을 소독할 수 있다. 5. 위생점검표에 따라 소독상태를 점검할 수 있다. 6. 위생점검표에 따라 기기를 정리정돈할 수 있다.
	2. 손 · 발 소독하기	1. 위생지침에 따라 소독 절차를 파악할 수 있다. 2. 소독제품의 특성에 따라 소독방법을 선정할 수 있다. 3. 소독방법에 따라 시술자의 손 · 발을 소독할 수 있다. 4. 소독방법에 따라 고객의 손 · 발을 소독할 수 있다.
2. 네일 화장품 제거	1. 파일 사용하기	1. 고객의 시술유형을 파악할 수 있다. 2. 기 시술된 화장품의 유형에 따라 파일을 선택할 수 있다. 3. 고객의 네일상태에 따라 파일의 사용을 결정할 수 있다. 4. 화장품의 제거상태에 따라 파일을 재선택할 수 있다.
	2. 용매제 사용하기	1. 고객관리대장에 따라 고객의 시술유형을 파악할 수 있다. 2. 기 시술된 화장품의 유형에 따라 용매제를 선택할 수 있다. 3. 화장품의 용해정도에 따라 제거 상태를 확인할 수 있다. 4. 화장품의 용해정도에 따라 적합한 제거용 도구를 선택할 수 있다.
	3. 제거 마무리하기	1. 작업 상황에 따라 화장품의 완전 제거상태를 확인할 수 있다. 2. 고객의 요구에 따라 모양과 길이에 맞게 마무리할 수 있다. 3. 고객의 요구에 따라 네일표면을 매끄럽게 정리할 수 있다. 4. 고객의 네일상태에 따라 네일강화제를 도포할 수 있다. 5. 화장품 처리 매뉴얼에 따라 제거 시 배출된 잔여물들을 처리할 수 있다.

주요항목	세부항목	작업목표
3. 네일 기본관리	1. 프리에지 모양만들기	1. 시술 매뉴얼에 따라 네일파일을 사용할 수 있다. 2. 고객의 요구에 따라 프리에지 모양을 만들 수 있다. 3. 네일상태에 따라 표면을 정리할 수 있다. 4. 프리에지 밑 거스러미를 제거할 수 있다.
	2. 큐티클 정리하기	1. 시술 매뉴얼에 따라 핑거볼에 손 담그기를 할 수 있다. 2. 시술 매뉴얼에 따라 족욕기에 발 담그기를 할 수 있다. 3. 고객의 큐티클 상태에 따라 유연제를 선택하여 사용할 수 있다. 4. 시술순서에 따라 도구를 선택할 수 있다. 5. 고객의 큐티클의 상태에 따라 큐티클을 정리할 수 있다.
	3. 컬러링 하기	1. 고객의 요구에 따라 폴리시 색상의 침착을 막기 위한 베이스 코트를 아주 얇게 도포할 수 있다. 2. 고객의 요구에 따라 컬러링 방법을 선정하고 폴리시를 도포할 수 있다. 3. 시술 매뉴얼에 따라 폴리시를 얼룩없이 균일하게 도포할 수 있다. 4. 시술 매뉴얼에 따라 젤 폴리시를 얼룩없이 균일하게 도포할 수 있다. 5. 시술 매뉴얼에 따라 젤 폴리시 시술 시 UV 램프를 사용할 수 있다. 6. 시술 매뉴얼에 따라 폴리시 도포 후 컬러 보호와 광택 부여를 위한 톱 코트를 바를 수 있다.
	4. 마무리하기	1. 계절에 따라 냉 · 온 타월로 손 · 발의 유분기를 제거할 수 있다. 2. 시술 방법에 따라 네일과 네일주변의 유분기를 제거할 수 있다. 3. 보습제의 선택 기준에 따라 제품을 선택하여 손 · 발에 보습제를 도포할 수 있다. 4. 사용한 제품의 정리정돈을 할 수 있다.

과제 개요

개요	손톱모양	세부과제	네일부위	배점	작업시간
페디큐어	스퀘어	풀코드 (레드)	오른발(1~5지) - 엄지, 검지, 중지, 약지, 소지	20점	30분
		딥프렌치 (화이트)			
		그라데이션 (화이트)			

1 제1과제 준비하기

(1) 검정과제 준비하기

① 먼저 작업대(네일 테이블)를 소독제를 묻힌 화장솜을 이용하여 닦는다.

② 소독된 작업대 위로 타월과 키친타월, 손목 받침대를 세팅한 후 준비된 재료 정리대를 작업대 위에 올린다.

③ 작업대 내에 멸균거즈를 깔고 소독용기를 올린 후 알코올 수용액(알코올 70% + 물 30%)의 소독제를 만들어서 용기 내 ⅔ 정도로 채운다.

④ 과제 작업 시 사용되는 니퍼, 푸셔, 더스트 브러시, 클리퍼, 오렌지우드 스틱 등이 충분히 잠길 수 있도록 하여 알코올 수용액이 든 소독용기 내로 담가 둔다.

(2) 매니큐어 및 페디큐어 재료 정리대 준비하기

정리대에 과제작업에 요구되는 재료와 도구가 모두 세팅되었는지 확인한다.

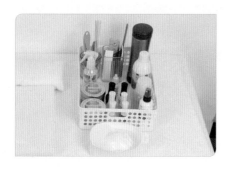

소모품	재료	도구
손소독제(안티셉틱), 알코올, 소독용기, 오렌지우드 스틱, 솜통(멸균거즈, 솜)	지혈제, 큐티클오일, 큐티클 리무버, 폴리시 리무버, 우드파일, 솜통(멸균거즈·솜·스펀지), 톱 코트, 베이스 코트, 샌딩블럭, 토우세퍼레이터, 폴리시(레드, 화이트)	핑거 볼, 보온병, 소독용기, 정리대(바구니), 니퍼, 푸셔, 더스트 브러시, 클리퍼, 분무기

(3) 준비물 및 재료도구

① 소독용기 세팅

• 멸균거즈를 정리대 바닥에 깔아두고 유리용기인 소독용기를 올린다.

• 70% 알코올 수용액을 유리용기 ⅔정도로 채운다.

• 알코올이 들어있는 유리용기에 니퍼, 푸셔, 클리퍼, 오렌지우드 스틱, 더스트 브러시를 담가 둔다.

② 제품 세팅

• 제품을 다른 용기에 덜어오는 것은 허용되지 않는다.

• 검정과제 작업 시에 요구되는 제품을 준비한다(사용하던 제품도 가능함).

• 단, 폴리시 리무버는 용기에 담겨진 형태로 덜어서 지참해도 된다.

③ 핑거 볼, 보온병, 분무기 등은 정리대(바구니) 밖으로 수험자가 동선을 생각해서 세팅할 수 있다.

④ 큐티클 연화작업에 사용되는 핑거 볼은 과제 작업 직전에 보온병의 미지근한 물을 부어서 사용한다.

⑤ 솜통, 멸균거즈, 화장솜, 스펀지, 페이퍼 타월은 뚜껑이 있는 용기에 보관한다.

⑥ 과제작업에 필요한 도구와 재료를 수험자의 작업 순서에 용이하게 작업대(네일 테이블)에 정리 정돈하여 세팅한다.

2 작업대(네일 테이블) 세팅

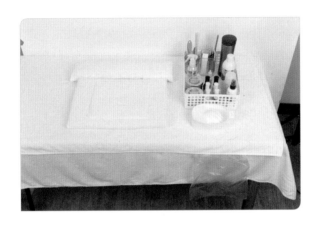

(1) 작업대

타월을 깔고 타월 위에 페이퍼 타월을 얹어 준비한다.

* 페이퍼 타월은 도구 소독이나 재료의 세팅, 브러시 등의 잔여물을 닦는 용도로 사용된다.

(2) 손목 받침대

40×80cm 정도의 쿠션 받침대로서 모델의 손목과 팔을 작업하기에 용이하게 하므로 모델 앞에 놓는다.

* 손목 받침대 대체물로 타월을 말아서 사용할 수 있다.

(3) 재료 정리대

과제 작업에 요구되는 도구와 재료가 세팅된 재료 정리대는 작업대(수험자의 관점에서) 오른편에 세팅한다.

(4) 위생봉투

작업대(수험자의 관점에서) 오른편에 스카치테이프를 사용하여 붙여놓는다.

1 공통 요구사항

(1) 준비하기

① 수험자와 모델은 과제 작업을 하기 위해 마스크를 착용해야 한다.

② 모델의 발과 발톱은 과제 규정에 맞게 구비되어야 한다.

③ 작업과제에 요구되는 준비물은 작업대에 잘 구비되어야 한다.

④ 소독용기에는 위생이 요구되는 필요도구가 70% 알코올 수용액에 담가져 있어야 한다.

⑤ 수험자와 모델의 발과 발톱은 규정에 맞게 소독하여야 한다.

⑥ 작업순서(절차)는 정확하고 규정에 맞게 작업하여야 한다.

⑦ 작업과정과 절차에 따라 파일을 선택해야 하며, 조체 파일링 시 한쪽 방향으로 한다.

⑧ 자연조체의 프리에지 길이는 5mm 이내로서 라운드형이 좌·우 대칭으로 조형되어야 한다.

⑨ 푸셔와 니퍼 작업 시 올바른 자세와 사용방법을 통해 큐티클이 깔끔하게 정리되어야 한다.

(2) 마무리하기

① 조체 주변(표면, 아래 등)에 거스러미, 분진·먼지, 불필요한 오일, 네일폴리시 등이 묻어있지 않아야 한다.

② 제한된 시간 내로 과제작업을 완료해야 한다.

③ 다음 과제 작업 준비를 위해 작업대 주변과 재료 및 도구를 위생적으로 정리정돈하여야 한다.

2 세부과제별 요구사항

세부과제	요구사항
풀 코트 레드	• 푸셔와 니퍼 작업 시 올바른 자세와 사용방법을 통해 큐티클이 깔끔하게 정리되어야 한다. • 레드 폴리시(펄이 함유되지 않은)는 큐티클 라인, 프리에지 단면, 조체면 등 일정 두께(2회 도포)로서 브러시 자국없이 잘 발라야 한다.
딥프렌치 화이트	• 화이트 폴리시(펄이 함유되지 않은)는 브러시 자국없이 일정한 두께(가로 도포 1회, 세로 도포 1회)를 유지해야 한다. • 폴리시 도포 시 조체면 ½ 이상에서 프렌치(스마일)라인을 깊이 있는 선명한 좌우대칭이 되게 조형해야 한다.
그라데이션 화이트	• 화이트 폴리시(펄이 함유되지 않은)를 스펀지에 착색시켜 프리에지 단면에서부터 점점 옅게 조체면 ½선을 향해 그라데이션한다.

3 감점요인

세부과제	감점요인
풀 코트(레드) 컬러링	• 발톱 모서리가 각진 직선(스퀘어)의 형태가 되어있지 않았을 때 • 프리에지 단면에 컬러 도포가 미숙할 때 • 톱 코트 후 오일을 사용하였을 때
딥프렌치 · 그라데이션 (화이트) 컬러링	• 발톱 모서리가 각진 직선(스퀘어)의 형태가 되지 않았을 때 • 발톱 전체 길이의 ½ 이상이 되지 않았을 때 • 루룰라(반월) 부분을 침범하였을 때 • 프리에지 단면에 컬러 도포가 미숙할 때 • 톱 코트 후 오일을 사용하였을 때
그 외	• 작업 시 출혈이 생겼을 때 • 복장, 네일 준비사항이 미흡할 때 • 시술도중 재료 또는 도구를 꺼내는 경우

채점기준(20점)

준비 및 위생상태	시술절차(순서)	기술의 정확성	부위별 조화 및 숙련도	완성도	총계
2	5	7	4	2	20

한눈에 보는 페디큐어 시술과정

● 풀 코트(레드)

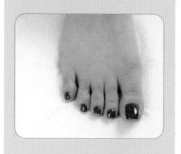

● 딥프렌치(화이트)

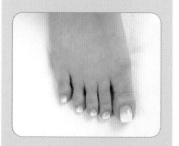

● 그라데이션(화이트)

● 공통 과정

❶ 소독하기

>

❷ 폴리시 제거하기

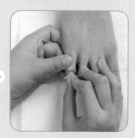

>

❸ 발톱 모양잡기

❹ 큐티클 연화 시키기

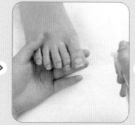

>

❺ 페이퍼 타월 닦아내기

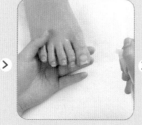

>

❻ 큐티클 밀어올리기

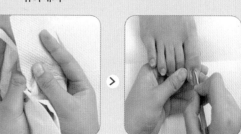

❼ 큐티클 제거하기

>

❽ 소독제 분무하기 및 유분기 제거하기

>

❾ 토우세퍼레이터 끼우기

❿ 베이스 코트 바르기

>

① 풀 코트 컬러링하기　　② 톱 코트 바르기

① 딥프렌치 컬러링하기　　② 톱 코트 바르기

① 스폰지에 폴리시 바르기　　② 그라데이션 컬러링하기　　③ 톱 코트 바르기

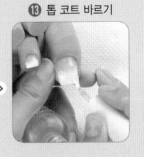

펄이 첨가되지 않은 레드 폴리시를 오른쪽 발의 발가락 조체면(큐티클 라인에서 프리에지 단면까지)에 일정 두께로 균일하게 도포한다.

요구사항

※ 지참 재료 및 도구를 사용하여 아래의 요구사항대로 풀 코트 페디큐어를 완성하시오.

① 과제를 수행하기 위해 수험자의 손 및 모델의 발과 발톱을 소독하시오.
② 모델의 오른발에 도포되어 있는 네일 폴리시를 깨끗하게 제거하시오.
③ 오른발 5개의 발톱(1~5지)에 물 스프레이를 이용한 습식 페디큐어를 실시하시오.
④ 발톱 프리에지의 형태는 스퀘어(스트레스 포인트에서부터 프리에지까지 직선이 존재하고, 끝 부분은 직선의 형태, 즉 스퀘어를 이루어야 하며, 각이 있는 모서리가 존재하는 상태)로 조형하시오.
⑤ 발톱 주변 큐티클을 오렌지우드 스틱 또는 큐티클 푸셔를 사용하여 안전하게 밀어주시오.
⑥ 큐티클 니퍼를 사용하여 발톱 주변의 불필요한 거스러미 등을 정리하시오.
⑦ 펄이 첨가되지 않은 순수 빨간색 네일 폴리시를 사용하여 오른발 발톱 모두를 풀 코트로 완성하시오.
⑧ 컬러 도포 시 프리에지 단면 직전의 선까지 모두 도포하시오.
⑨ 베이스 코트 1회 – 빨간색 폴리시 2회 – 톱 코트 1회의 도포 순서로 완성하시오.

수험자유의사항

① 모델 발톱의 준비상태는 빨간색 폴리시가 풀 컬러로 도포되어야 하며, 스퀘어 형태로 사전 작업되지 않은 자연발톱 상태로서 형태를 유지하시오.
② 자연네일 파일링 시 문지르거나 비비지 말고 한쪽 방향으로 파일링하시오.
③ 발톱의 길이는 피부의 선단을 넘지 않도록 하시오.
④ 큐티클 연화제(큐티클 오일, 리무버, 크림), 멸균거즈는 작업 상황에 맞도록 적절히 사용하시오.
⑤ 톱 코트 후 마무리 시 오일을 사용하지 마시오.
⑥ 컬러 도포 시 네일 폴리시의 전용 브러시를 사용하시오.
⑦ 큐티클 니퍼, 큐티클 푸셔, 클리퍼, 네일 더스트 브러시, 오렌지우드 스틱(푸셔용)은 알코올 소독 용기에 담가 두시오.

1 소독하기

(1) 손 소독하기(수험자)

안티셉틱으로 적셔진 솜 또는 멸균거즈를 사용하여 수험자의 손을 소독한다(❶~❸).

(2) 모델 발(오른쪽) 소독하기

안티셉틱으로 적셔진 솜 또는 멸균거즈로 모델의 발(발등 → 발바닥 → 발톱)을 소독한다(❶~❸).

> ✔ 주의
> * 사용한 솜 또는 멸균거즈는 반드시 위생봉투에 버린다.

2 폴리시 제거하기

> * 오른발 모지부터 시작하여 인지, 중지 순서를 거쳐 약지, 소지에 있는 컬러링된 폴리시를 제거한다.
> * 스퀘어 모양의 프리에지 길이는 발톱 경계의 피부 선단을 넘지 않도록 한다.

- 폴리시 리무버로 적신 솜을 모델의 발톱 위에 3초 정도 올려준 후, 모지와 인지를 이용하여 조체면 위에 얹어진 솜을 네일 그루브 측면을 문지르면서 조체면 중간으로 모으며 닦아준다(❶, ❷).

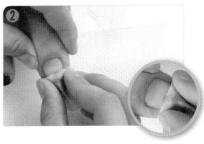

- 폴리시 리무버를 적신 솜을 사용하여 양쪽 그루브 사이를 문질러 닦고, 프리에지 아래까지 깔끔히 닦는다(❸~❻).

- 소독용기에 담긴 오렌지우드 스틱을 꺼내어 물기를 제거한 후 화장솜을 말아서 큐티클 라인과 그루브, 프리에지에 낀 폴리시를 섬세히 제거한다(❼~❿).

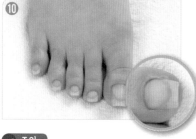

> ✔ 주의
> * 오렌지우드 스틱은 1회용이므로 사용 후 반드시 위생봉투에 버린다.

❸ 발톱 모양잡기

> * 프리에지가 직선이 되도록 스퀘어 모양으로 파일링함으로써 발톱 모서리가 각이 져 있어야 한다.

(1) 발톱 모양다듬기

에머리보드(우드) 파일을 이용하여 오른쪽 발가락(모지)의 프리에지 단면이 직선이 되도록 한쪽 방향으로 파일링한다(❶~❸).

(2) 발톱표면 샌딩하기 및 털어내기

- 샌딩블럭을 조체의 왼쪽 또는 오른쪽 측면인 연곡선(만곡)된 기울기와 동일한 각도로 샌딩한다(❶).
- 샌딩블럭은 조체면에서 90°로 샌딩한다(❷).
- 조체의 그루브는 연곡선 기울기와 동일한 각도로 샌딩한다(❸).
- 샌딩블럭을 프리에지 밑에 대고 위로 샌딩한다(❹).
- 소독용기에서 꺼낸 더스트 브러시는 멸균거즈에 물기 제거 후 발톱에서 나온 불필요한 잔해를 털어 깨끗이 정리해 준다(❺, ❻).

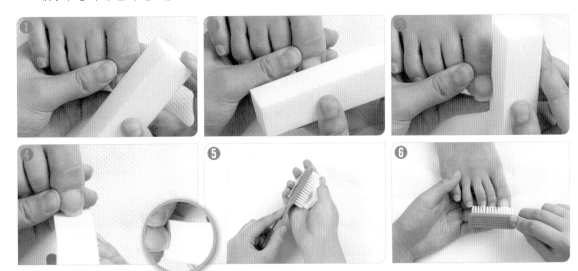

> ✔ 주의
>
> * 털어내기에 사용된 더스트 브러시는 다시 소독용기에 담그지 않고 사용할 수 있으나 간혹 출혈부위에 사용했을 시, 소독용기(70% 알코올 수용액)에 담그어서 사용한다.

4 큐티클 연화시키기

- 큐티클을 연화시키기 위해 물을 스프레이에 넣어 분무한다(❶).
- 모델의 발가락 사이사이의 물기를 페이퍼 타월로 감싸서 닦는다(❷, ❸).

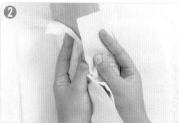

5 큐티클 정리하기

(1) 큐티클 리무버(오일) 바르기 및 큐티클 밀어 올리기

* 오른발 모지에서 인지 → 중지 → 약지 → 소지 순으로 큐티클을 정리하기 위해 리무버(또는 오일)을 바르고 네일 푸셔로 밀어 올린다.
* 푸셔는 연필 쥐듯이 쥐고, 조체면에 45°를 유지하면서 큐티클이 발톱면에 스크래치가 생기지 않도록 큐티클을 안전하게 밀어준다.

- 큐티클을 부드럽게 하기 위해 큐티클 리무버(오일)를 전체 조체에 바른다(❶, ❷).
- 푸셔를 멸균거즈에 닦은 후 모지 내 큐티클과 그루브 사이의 모서리까지 안전하게 밀어준다(❸~❻).

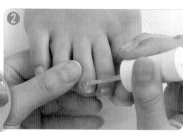

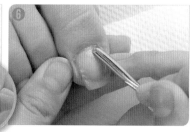

✔ 주의

* 소독용기에 담긴 네일 푸셔를 꺼내어 멸균거즈를 이용하여 물기를 제거 후 사용한다.

(2) 큐티클 잘라내기

- 니퍼의 삼각날이 1/2 정도 발톱면에 닿도록 한 후 45°로 들어준 뒤 오른쪽 측조곽 면에서 후조곽(큐티클)을 향해 한쪽 방향으로 큐티클을 깨끗이 제거한다(❶, ❷).
- 니퍼는 손바닥이 보이도록 쥐고 왼쪽 측조곽에서 후조곽 방향으로 잘라 연결시킨다(❸).

6 소독제 분무 및 유분기 제거하기

- 멸균거즈에 소독제를 분무하여 큐티클이 제거된 주위 발톱과 그 주변을 닦아낸다(❶~❻).

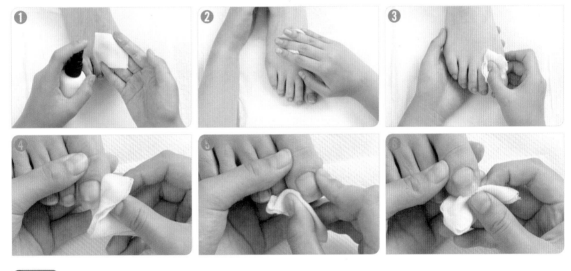

✔ 주의

* 큐티클 제거가 끝난 후 큐티클 주위에 소독제를 뿌리고 페이퍼 타월로 모델의 발등과 발가락 사이의 소독제를 프리에지 방향으로 닦아낸다(수험자 선택사항).

- 오렌지우드 스틱 끝에 솜을 말아 리무버를 적셔 발톱면을 닦고 프리에지 밑의 하조피에 묻어 있는 유분기를 닦아준다(❶~❸).

7 토우세퍼레이터 끼우기

- 폴리시 컬러링 시 주변 피부에 묻는 것을 방지하기 위해 토우세퍼레이터를 사용하여 인지부터 끼운 후 소지로 향해 끼워 넣는 것을 이행한다(**1**, **2**).

8 페디큐어 컬러링하기

(1) 베이스 코트 바르기

- 베이스 코트는 조체면의 중앙 → 왼쪽 → 오른쪽 순서로 얇게 펴면서 1회 발라준다(**1**~**3**).

(2) 폴리시 컬러링하기

> * 매니큐어 컬러링에서와 같이 1차, 2차로 나누어 도포하며, 발톱 도포 순서는 모지 → 인지 → 중지 → 약지 → 소지로 이행하고, 발톱 내에서 중앙 → 왼쪽 → 오른쪽 → 프리에지로 향한 도포순서 또한 동일하다.

- 레드 폴리시를 모지의 발톱면 중앙 → 왼쪽 → 오른쪽 → 프리에지 밑까지 1회 풀 코트 컬러링한다(❶ ~❻).

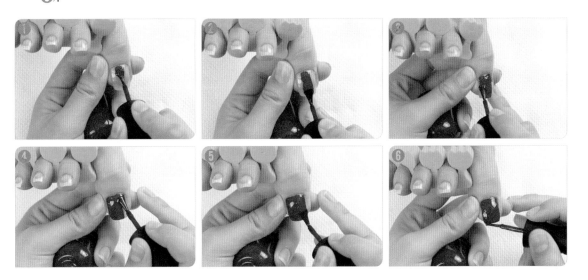

- 다시 오른쪽에서 중앙으로 왼쪽을 향해 오버랩이 되도록(프리에지 밑 제외) 2회 풀 코트 컬러링한다 (❼~⓬).

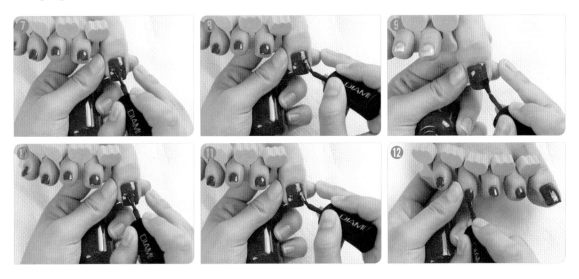

(3) 톱 코트 바르기

- 빨강색으로 풀 코트된 발톱면의 중앙 → 왼쪽 → 오른쪽 → 프리에지 밑 순서로 1회 얇게 바른다 (❶~❻).

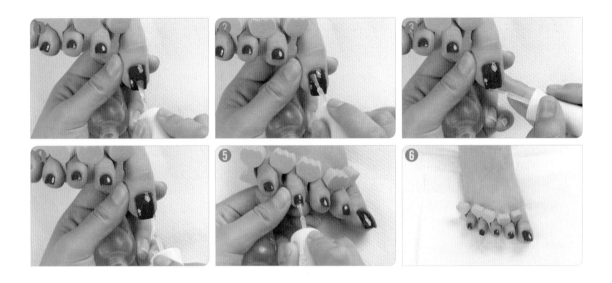

9 페디큐어 컬러링 마무리하기

(1) 오렌지우드 스틱을 사용한 마무리

- 오렌지우드 스틱 끝에 솜을 말아 네일 리무버를 적셔 발톱 주변과 하조피에 묻어있는 컬러를 제거한다(①~⑥).

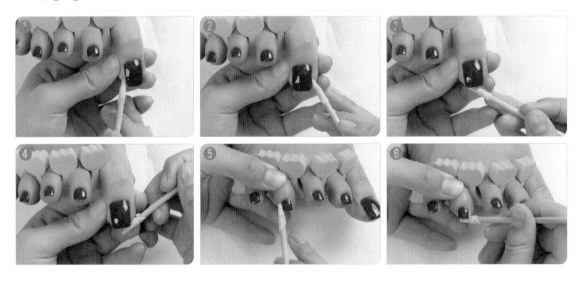

(2) 멸균거즈를 사용한 마무리

- 멸균거즈를 수험자 모지에 감싸서 리무버를 적셔, 발톱 주변에 묻은 폴리시를 모지에서 시작하여 소지 순으로 닦아낸다(①~⑤).

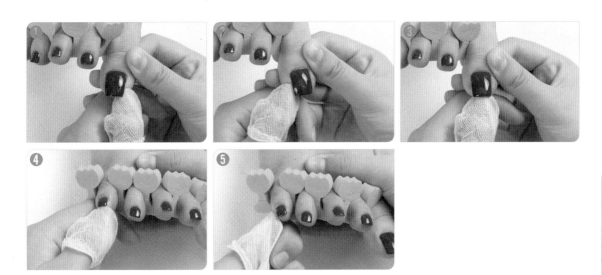

> 풀 코트 페디큐어 컬러링 완성

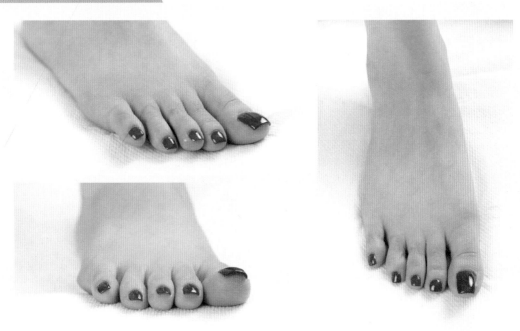

풀 코트 컬러링 절차

발 소독하기(수험자+모델) → 네일 폴리시 제거하기 → 발톱 모양다듬기 → 샌딩하기 → 거스러미 제거 및 털어내기 → 물 스프레이 분사하기 → 발톱 물기 말리기 → 큐티클 리무버(오일) 바르기 및 큐티클 밀어 올리기 → 큐티클 잘라내기 → 소독제 분무하기 → 유분기 제거하기 → 토우세퍼레이터 끼우기 → 베이스 코트 도포하기 → 폴리시 레드 컬러링하기 → 톱 코트 도포하기

작업대 정리하기

• 사용한 재료 및 도구들은 정리함에 위생적으로 처리하고 작업대 위를 깨끗하게 반드시 정리한다.
• 오렌지우드 스틱은 1회용이므로 사용 후에는 위생봉투에 폐기 처리한다.
• 사용된 소모품(솜, 거즈, 페이퍼 타월) 등은 위생봉투에 넣어 폐기 처리한다.

조체길이의 ½ 이상 딥프렌치 컬러가 선명하게 형성되어야 한다. 발톱 면의 반월을 침범하지 않은 프렌치(스마일) 라인의 시작점인 양측 스트레스 포인트 간에는 대칭선을 갖는다. 모델 오른발의 모지에서부터 인지 → 중지 → 약지 → 소지의 순서로 베이스 코트, 딥프렌치 컬러링, 톱 코트 등의 절차를 갖는다.

요 구 사 항

※ **지참 재료 및 도구를 사용하여 아래의 요구사항에 따라 딥프렌치 컬러링을 완성하시오.**
① 과제를 수행하기 위해 수험자의 손 및 모델의 발과 발톱을 소독하시오.
② 모델의 오른발에 도포되어 있는 네일 폴리시를 깨끗하게 제거하시오.
③ 오른발 5개의 발톱(1~5지)에 물 스프레이를 이용한 습식 페디큐어를 실시하시오.
④ 발톱 프리에지의 형태는 스퀘어(스트레스 포인트에서부터 프리에지까지 직선이 존재하고, 끝 부분은 직선의 형태 즉, 스퀘어를 이루어야 하며 각이 있는 모서리가 존재하는 상태)로 조형하시오.
⑤ 발톱 주변 큐티클을 오렌지우드 스틱 또는 큐티클 푸셔를 사용하여 안전하게 밀어주시오.
⑥ 큐티클 니퍼를 사용하여 발톱 주변의 불필요한 거스러미 등을 정리하시오.
⑦ 펄이 첨가되지 않은 순수 흰색 네일 폴리시를 사용하여 오른발 발톱 모두를 딥프렌치로 완성하시오. 단, 딥프렌치 라인은 발톱 전체 길이의 ½ 이상의 부분이어야 하며, 반월 부분은 침범하지 않도록 하시오.
⑧ 컬러 도포 시 프리에지 단면 직전의 앞 선까지 모두 도포하시오.
⑨ 베이스 코트 1회 – 흰색 폴리시 2회 – 톱 코트 1회의 도포 순서로 완성하시오.

수 험 자 유 의 사 항

① 모델 발톱의 준비상태는 빨간색 폴리시가 풀 컬러로 도포되어야 하며, 스퀘어 형태로 사전 작업되지 않은 자연 발톱의 형태를 유지하시오.
② 자연네일 파일링 시 문지르거나 비비지 말고 한쪽 방향으로 파일링하시오.
③ 발톱의 길이는 피부의 선단을 넘지 않도록 하시오.
④ 큐티클 연화제(큐티클 오일, 리무버, 크림), 멸균거즈는 작업 상황에 맞도록 적절히 사용하시오.
⑤ 톱 코트 후 마무리 시 오일을 사용하지 마시오.
⑥ 컬러 도포 시 네일 폴리시의 전용 브러시를 사용하시오.
⑦ 큐티클 니퍼, 큐티클 푸셔, 클리퍼, 네일 더스트 브러시, 오렌지우드 스틱(푸셔용)은 알코올 소독 용기에 담가 두시오.

1 1차 프리퍼레이션

- **풀 코트 컬러링 시 습식 페디큐어(발톱 손질과정)와 동일하므로 참조바람**
- 소독 → 폴리시 지우기 → 발톱 모양 만들기 → 표면정리 및 거스러미 제거하기 → 발가락 담그기 → 물기 제거하기 → 큐티클 오일 바르기 → 큐티클 밀어올리기 → 큐티클 정리하기 → 소독제 분사하기 → 손가락 물기 말리기 → 유분기 제거하기 → 토우세퍼레이터 끼우기 등으로서 발톱 손질과정이다. 이러한 절차를 1차 프리퍼레이션이라 칭한다.

2 베이스 코트 바르기

베이스 코트는 발톱 면의 중앙 → 왼쪽 → 오른쪽 → 프리에지 밑 순서로 1회 얇게 바른다(❶~❸).

3 딥프렌치 컬러링하기

- 화이트 폴리시의 브러시를 모지(엄지) 내 발톱길이 ½ 이상에서 왼쪽에서 조체 중앙을 지나 오른쪽 그루브를 향해 라운드 모양의 프렌치(스마일) 라인을 만든다(❶~❸).

- 이를 경계로 세로(왼쪽에서부터 오버랩으로)로 바른 후 프리에지 밑까지 1차 마무리 컬러링한다(❹~❻).

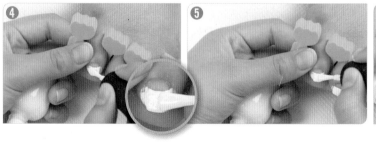
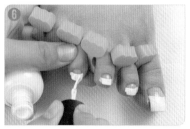

• 조체면에 대해 브러시 각도는 45°로 유지하며 재도포(2차)한다(**7**~**9**).

4 톱 코트 바르기

딥프렌치 컬러링된 모지 발톱면의 중앙 → 왼쪽 → 오른쪽 → 프리에지 밑까지 순으로 하여 소지까지 1회 얇게 덧바른다(**1**~**6**).

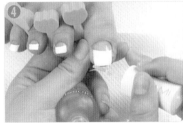  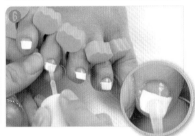

5 딥프렌치 컬러링 마무리하기

오렌지우드 스틱 끝에 솜을 말아 네일 리무버를 적셔 발톱 주변과 하조피에 묻어있는 제품들을 제거한다(**1**~**3**).

> 딥프렌치 컬러링 완성

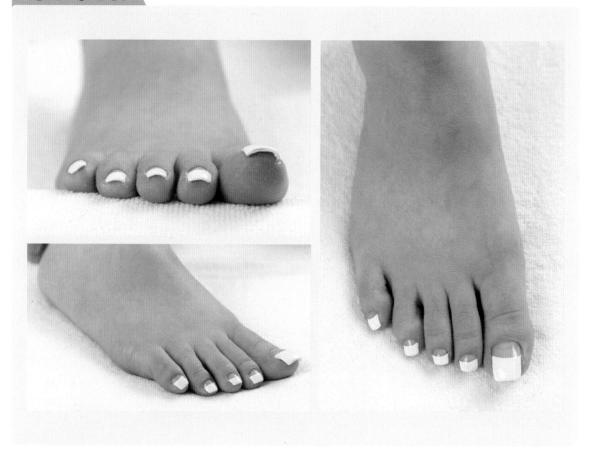

> 정리해보기

딥프렌치 컬러링 절차

소독하기(수험자 손, 모델 발) → 네일 폴리시 제거하기 → 발톱모양 다듬기 → 샌딩하기 → 거스러미 제거 및 털어내기 → 물 스프레이 분사하기 → 발톱 물기 말리기 → 큐티클 리무버(오일) 바르기 및 큐티클 밀어 올리기 → 큐티클 잘라내기 → 소독제 분무하기 → 유분기 제거하기 → 토우세퍼레이터 끼우기 → 베이스 코트 도포하기 → 딥프렌치 컬러링하기 → 톱 코트 도포하기 → 마무리 → 작업대 정리하기

작업대 정리하기

• 사용한 재료 및 도구들은 정리함에 위생적으로 처리하고 작업대 위를 깨끗하게 반드시 정리한다.
• 오렌지우드 스틱은 1회용이므로 사용 후에는 위생봉투에 폐기 처리한다.
• 사용된 소모품(솜, 거즈, 페이퍼 타월) 등은 위생봉투에 넣어 폐기 처리한다.

Chapter 03 그라데이션 컬러링

스퀘어 모양의 발톱에 화이트 폴리시를 그라데이션하기 위해 스펀지를 이용한다. 스펀지에 묻은 폴리시를 발톱길이 ½선 이상에 그라데이션을 넣기 위해 스펀지를 발톱판 면과 90°로 유지하면서 직각으로 두드려 준다. 모델 오른발의 모지에서부터 인지 → 중지 → 약지 → 소지 등의 순서로 베이스 코트, 그라데이션 컬러링, 톱 코트 등의 절차를 갖는다.

요 구 사 항

※ **지참 재료 및 도구를 사용하여 아래의 요구사항에 따라 그라데이션 컬러링을 완성하시오.**

① 과제를 수행하기 위해 수험자의 손 및 모델의 발과 발톱을 소독하시오.
② 모델의 오른발에 도포되어 있는 네일 폴리시를 깨끗하게 제거하시오.
③ 오른발 5개의 발톱(1~5지)에 물 스프레이를 이용한 습식 페디큐어를 실시하시오.
④ 발톱 프리에지의 형태는 스퀘어(스트레스 포인트에서부터 프리에지까지 직선이 존재하고, 끝 부분은 직선의 형태 즉, 스퀘어를 이루어야 하며 각이 있는 모서리가 존재하는 상태)로 조형하시오.
⑤ 발톱 주변 큐티클을 오렌지우드 스틱 또는 큐티클 푸셔를 사용하여 안전하게 밀어주시오.
⑥ 큐티클 니퍼를 사용하여 발톱 주변의 불필요한 거스러미 등을 정리하시오.
⑦ 펄이 첨가되지 않은 순수 흰색 네일 폴리시를 사용하여 오른발 발톱 모두를 그라데이션으로 완성하시오. 단, 그라데이션의 범위는 발톱 프리에지에서 시작하여 전체 길이의 ½ 이상이며, 그라데이션은 스펀지를 이용하여 표현하되, 반월 부분은 침범하지 않도록 하시오.
⑧ 컬러 도포 시 프리에지 단면의 앞 선까지 모두 도포하시오.
⑨ 베이스 코트 1회 – 흰색 그라데이션 도포 – 톱 코트 1회의 도포 순서로 완성하시오.

수 험 자 유 의 사 항

① 모델 발톱의 준비상태는 빨간색 폴리시가 풀 컬러로 도포되어야 하며, 스퀘어 형태로 사전 작업되지 않은 자연 형태를 유지하시오.
② 자연네일 파일링 시 문지르거나 비비지 말고 한 방향으로 파일링하시오.
③ 발톱의 길이는 피부의 선단을 넘지 않도록 하시오.
④ 큐티클 연화제(큐티클 오일, 리무버, 크림), 멸균거즈는 작업 상황에 맞도록 적절히 사용하시오.
⑤ 톱 코트 후 마무리 시 오일을 사용하지 마시오.
⑥ 컬러 도포 시 네일 폴리시의 브러시를 사용하시오.
⑦ 큐티클 니퍼, 큐티클 푸셔, 클리퍼, 네일 더스트 브러시, 오렌지우드 스틱(푸셔용)은 알코올 수용액이 든 소독 용기에 담가 두시오.

1 1차 프리퍼레이션

- **풀 코트 컬러링 시 습식 페디큐어(발톱 손질과정)와 동일하므로 참조바람**
- 소독 → 폴리시 지우기 → 발톱 모양 만들기 → 표면정리 및 거스러미 제거하기 → 발가락 담그기 → 물기 제거하기 → 큐티클 오일 바르기 → 큐티클 밀어올리기 → 큐티클 정리하기 → 소독제 분사하기 → 손가락 물기 말리기 → 유분기 제거하기 → 토우세퍼레이터 끼우기 등으로서 발톱 손질과정이다. 이러한 절차를 1차 프리퍼레이션이라 한다.

2 베이스 코트 바르기

베이스 코트의 브러시를 조체면에 45°로 유지하여, 발톱면의 중앙 → 왼쪽 → 오른쪽 순서로 1회 얇게 도포한다(❶~❸).

3 스펀지에 폴리시 바르기

- 스펀지 끝에서 ⅓ 정도에 화이트 폴리시를 도포하고 ⅔ 정도는 내추럴 폴리시를 착색시킨다(❶, ❷).
- 폴리시로 착색된 스펀지를 먼저 호일에 가볍게 톡톡 두드린다(❸).

4 그라데이션 컬러링하기

발톱면과 그 주변 굴곡진 곳에 자연스럽게 그라데이션을 넣는다(❶~❻).

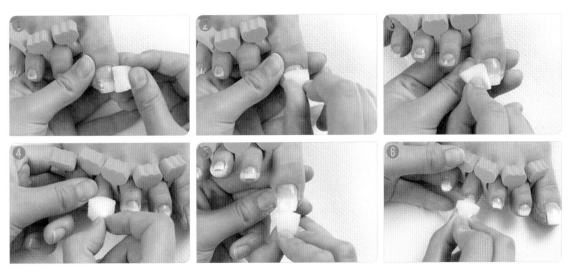

5 톱 코트 바르기

그라데이션 컬러링된 발톱면의 중앙 → 왼쪽 → 오른쪽 → 프리에지 밑의 순서로 1회 얇게 바른다(❶~❻).

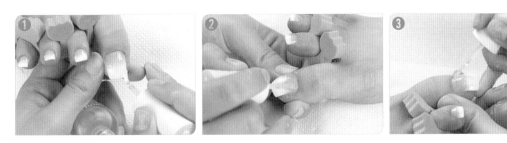

6 그라데이션 컬러링 마무리하기

리무버에 적신 멸균거즈 또는 오렌지우드 스틱을 이용하여 조체 주변에 묻은 폴리시 등을 닦아준다(❶~❻).

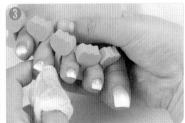

> 그라데이션 컬러링 완성

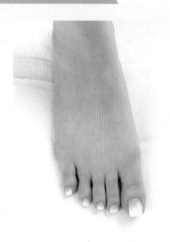
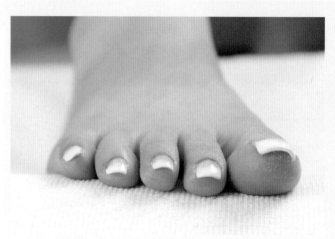

> 정리해보기

그라데이션 컬러링 절차

소독하기(수험자 손, 모델 발) → 네일 폴리시 제거하기 → 발톱 모양다듬기 → 샌딩하기 → 거스러미 제거 및 털어내기 → 물 스프레이 분사하기 → 발톱 물기 말리기 → 큐티클 리무버(오일) 바르기 및 큐티클 밀어 올리기 → 큐티클 잘라내기 → 소독제 분무하기 → 유분기 제거하기 → 토우세퍼레이터 끼우기 → 베이스 코트 도포하기 → 그라데이션 컬러링하기 → 톱 코트 도포하기 → 마무리 → 작업대 정리하기

작업대 정리하기

• 사용한 재료 및 도구들은 정리함에 위생적으로 처리하고 작업대 위를 깨끗하게 반드시 정리한다.
• 오렌지우드 스틱은 1회용이므로 사용 후에는 위생봉투에 폐기 처리한다.
• 사용된 소모품(솜, 거즈, 페이퍼 타월) 등은 위생봉투에 넣어 폐기 처리한다.

제 2 과제

젤 매니큐어

젤 매니큐어 세부과제

작업목표

모델의 왼손은 습식케어가 생략된 사전 준비 작업과 함께 스퀘어(또는 오프 스퀘어) 모양의 자연손톱 상태이다.

주요항목	세부항목	작업목표
젤 매니큐어	손톱 및 손 소독하기	1. 고객의 왼손 네일을 소독하기 전에 시술자의 손부터 소독할 수 있다. 2. 소독제를 뿌려 고객의 손톱을 꼼꼼히 소독하여 외부의 감염여부를 최소화할 수 있다. 3. 시술되어진 네일 상태에 따라 리무버를 선택할 수 있다.
	손톱 모양잡기	1. 모양을 잡기 위해 자연손톱의 상태를 파악할 수 있다. 2. 부드러운 파일로 자연손톱의 결대로 한쪽 방향으로 파일을 할 수 있다. 3. 샌드버퍼의 사이드 면을 잡고 자연손톱을 버핑할 수 있다. 4. 불필요한 각질이나 거스러미를 라운드 패드로 제거하고 프리에지를 깨끗하게 정리할 수 있다.
	젤 폴리시 컬러하기	1. 톱 젤을 바를 수 있다. 2. 젤 볼더를 바를 수 있다. 3. 젤 베이스를 바를 수 있다. 4. 레드 젤 폴리시를 이용하여 풀 코트를 할 수 있다. 5. 레드 젤 폴리시를 이용하여 딥프렌치를 할 수 있다.
	젤 마블링 ①	1. 세필 브러시에 화이트 젤 폴리시를 묻혀 세로로 선을 그어준 후 가로로 그어줄 수 있다.
	젤 마블링 ②	1. 세필 브러시에 화이트 젤 폴리시를 묻혀 세로로 선을 그어줄 수 있다. 2. 세필 브러시를 사용하여 세로로 부채꼴 모양이 되도록 선을 그어줄 수 있다.

 ## 과제 개요

개요	손톱모양	세부과제	네일부위	배점	작업시간
젤 매니큐어	라운드	부채꼴 마블링	왼손(1~5지) - 소지, 약지, 중지, 검지(인지), 엄지(모지)	20점	35분
		선 마블링			

1 제2과제 준비하기

(1) 검정과제 준비하기

① 먼저 작업대(네일 테이블)에 소독제를 묻힌 화장솜을 이용하여 닦는다.

② 소독된 작업대 위로 타월과 키친타월, 손목 받침대를 세팅한 후 준비된 재료 정리대를 작업대 위에 올린다.

③ 재료 정리대 내에 멸균거즈를 깔고 소독용기를 올린 후 알코올 수용액(알코올 70% + 물 30%)의 소독제를 만들어서 용기 ⅔ 정도로 채운다.

④ 과제 작업 시 사용되는 니퍼, 푸셔, 더스트 브러시, 클리퍼, 오렌지우드 스틱 등이 충분히 잠길 수 있도록 하여 알코올 소독제가 든 소독용기 내로 담가 둔다.

(2) 젤 매니큐어 재료 정리대 준비하기

정리대에 과제작업에 요구되는 재료와 도구가 모두 세팅되었는지 확인한다.

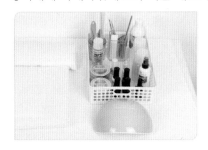

소모품	재료	도구
손소독제, 알코올, 소독용기, 작업정리대, 솜통(솜, 멸균거즈), 오렌지우드 스틱	젤 클렌저, 젤 폴리시(레드 · 화이트), 지혈제, 큐티클 오일, 베이스 젤, 톱 젤	니퍼, 푸셔, 더스트 브러시, 클리퍼, 샌딩 블록, 우드파일, 젤 브러시, 아트 브러시, 젤 램프

(3) 준비물 및 재료도구

① 소독용기 세팅

• 멸균거즈를 정리대 바닥에 깔아두고 유리용기인 소독용기를 올린다.

• 알코올 수용액(70%)을 유리용기에 ⅔정도로 채운다.

• 알코올이 들어있는 유리용기에 니퍼, 푸셔, 클리퍼, 오렌지우드 스틱, 더스트 브러시를 담가 둔다.

② 제품 세팅

• 제품을 다른 용기에 덜어오는 것은 허용되지 않는다.

• 검정과제 작업 시에 요구되는 제품을 준비한다(사용하던 제품도 가능함).

• 단, 폴리시 리무버는 용기에 담겨진 형태로 덜어서 지참해도 된다.

③ 핑거 볼, 보온병, 분무기 등은 정리대 밖으로 수험자가 동선을 생각해서 세팅할 수 있다.

④ 큐티클 연화작업에 사용되는 핑거볼은 과제 작업 직전에 보온병의 미지근한 물을 부어서 사용한다.

⑤ 솜통, 멸균거즈, 화장솜, 스펀지, 페이퍼 타월은 뚜껑이 있는 용기에 보관한다.

⑥ 과제작업에 필요한 도구와 재료를 수험자의 작업 순서에 용이하게 작업대(네일 테이블)에 정리 정돈하여 세팅한다.

2 작업대 세팅

(1) 작업대(네일 테이블)

타월을 깔고 타월 위에 페이퍼 타월을 얹어 준비한다.

* 페이퍼 타월은 도구 소독이나 재료의 세팅, 브러시 등의 잔여물을 닦는 용도로 사용된다.

(2) 손목 받침대

40×80cm 정도의 쿠션 받침대로서 모델의 손목과 팔을 작업하기에 용이하게 하므로 모델 앞에 놓는다.

* 손목 받침대 대체물로 타월을 말아서 사용할 수 있다.

(3) 재료 정리대

과제 작업에 요구되는 도구와 재료가 세팅된 작업 정리대는 작업대(수험자의 관점에서) 오른편에 세팅한다.

(4) 위생봉투

작업대(수험자의 관점에서) 오른편에 스카치테이프를 사용하여 위생봉투를 붙여 놓는다.

 요구사항 및 감점요인

1 과제별 요구사항

① 작업과제에 요구되는 준비물이 잘 구비되어야 한다.

② 작업대(네일 테이블)는 젤 매니큐어에 필요한 제품과 도구가 정리 정돈(세팅)되어야 한다.

③ 소독용기에는 위생이 요구되는 필요도구는 알코올 수용액(70%)에 담그어져 있어야 한다.

④ 수험자와 모델의 손은 규정에 맞게 소독하여야 한다.

⑤ 작업순서(절차)는 정확하고 숙련되게 작업하여야 한다.

⑥ 작업과정과 절차에 따라 파일을 선택해야 하며, 파일링 시 양방향으로 비비거나 문지르지 않아야 한다.

⑦ 마블링 과정은 시술 순서(절차)에 따라 숙련된 상태에서 작업하여야 한다.

⑧ 자연손톱의 프리에지 길이는 5mm 이내로 해야 한다.

⑨ 자연손톱 내 양쪽 스트레스 포인트 간에는 좌우 대칭과 함께 라운드형의 프리에지를 유지해야 한다.

⑩ 세로선 긋기(총 8개의 교차된 레드와 화이트)는 일정 간격으로 균일하게 작업하여야 한다.

⑪ 가로선 긋기(마블링을 표현하는 5줄)는 좌측과 우측 방향으로 번갈아가며 명료하게 작업하여야 한다.

⑫ 왼쪽 손의 소지에서 모지까지 각각의 손톱면 내에서도 선의 간격은 균일해야 한다.

⑬ 조체면의 ½에서 대칭되는 프렌치 라인에서 프리에지 단면까지 레드·화이트 젤 폴리시 컬러가 작업되어야 한다.

⑭ 손톱 내·외의 거스러미, 분진, 먼지, 불필요한 오일 등을 제한된 시간 내에 완전히 제거해야 한다.

⑮ 과제 작업 종료 후 작업대 주변과 재료 및 도구는 반드시 위생적으로 정리 정돈되어야 한다.

2 과제별 감점요인

① 화장솜 한 장으로만 양쪽 손(오른·왼쪽손)을 소독할 때

② 작업 시 사용된 화장솜과 멸균거즈, 오렌지우드 스틱 등을 작업대 위에 방치할 때

③ 다섯 손톱의 모양이나 길이가 일정하지 않을 때

④ 파일링 시 문지르거나 비벼서 사용할 때

⑤ 선 그리기 시 간격(폭)과 개수가 일정하지 않거나 맞지 않을 때

⑥ 완성된 과제에 기포가 생겼을 때

⑦ 젤 램프에 큐어링 시 미경화된 부분이 남아있을 때

⑧ 작업 종료 후 정리 정돈이 제대로 되어 있지 않았을 때

 채점기준(20점)

준비 및 위생상태	시술절차(순서)	기술의 정확성	부위별 조화 및 숙련도	완성도	총계
2	5	8	3	2	20

* 작업 시 출혈(-2점 감점)/과제 도중 도구 또는 재료를 꺼내는 경우(-1점 감점)

한눈에 보는 젤 매니큐어 시술과정

부채꼴 마블링

선 마블링

● 공통 과정

❶ 소독하기

❷ 손톱모양잡기

❸ 손톱 표면 샌딩하기

❹ 거스러미 제거 및 털어내기

❺ 베이스 젤 바르기

❻ 젤 램프에 큐어링하기

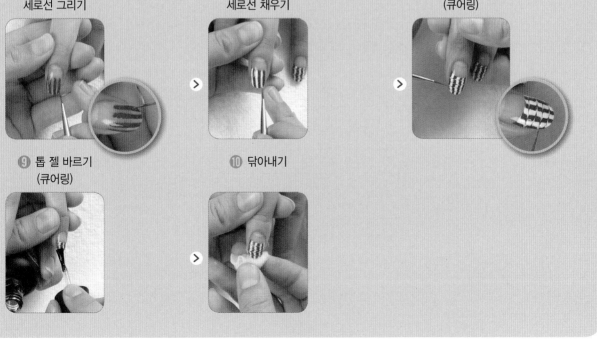

⑥ 풀 코트
컬러링하기(큐어링)

⑦ 가로선 그리기

⑧ 세로선 그리기
(큐어링)

⑨ 톱 젤 바르기
(큐어링)

⑩ 닦아내기

⑥ 레드 젤
세로선 그리기

⑦ 화이트 젤
세로선 채우기

⑧ 가로선 그리기
(큐어링)

⑨ 톱 젤 바르기
(큐어링)

⑩ 닦아내기

Chapter 01

부채꼴 마블링

라운드 모양의 자연손톱에 작업되는 부채꼴 마블링은 먼저 흰색 4줄, 빨간색 3줄을 중심으로 균일하게 교차된 7개의 가로선과 함께 세로선 7개를 명료하게 작업한다. 단, 소지의 경우 가로선 총 5개(흰색 3, 빨간색 2) 세로선 5줄로 줄여서 작업해도 된다.

요구사항

※ 지참 재료 및 도구를 사용하여 아래의 요구사항에 따라 부채꼴 마블링을 완성하시오.

① 과제를 수행하기 위해 수험자의 손 및 모델의 손과 손톱을 소독하시오.

② 필요한 경우 손톱 주변의 불필요한 각질이나 거스러미를 제거하기 위한 건식케어를 실시하시오(순서와는 무관함).

③ 손톱 프리에지 형태는 라운드(도면과 같이 스트레스 포인트에서부터 프리에지까지 직선이 존재하고, 끝 부분은 라운드 형태를 이루어야 하며, 프리에지의 어느 곳에서도 각이 없는 상태)로 조형하시오.

④ 자연손톱 표면을 버퍼로 정리한 후 주변의 잔여물 및 유·수분기를 제거하시오.

⑤ 펄이 첨가되지 않은 순수 흰색과 빨간색 젤 네일 폴리시를 사용하여 왼손 1~5지의 손톱 모두를 도면과 같이 부채꼴 마블링으로 완성하시오.

   ⊙ 교대 배열 가로선 총 7개(흰색 4개, 빨간색 3개) : 흰색과 빨간색을 번갈아가며 총 7개의 둥근 부채꼴 모양의 교차된 가로선을 일정한 간격으로 5개의 손톱 모두 균일하게 작업하시오.

   ⓛ 마블링 부채꼴 세로선 7줄 : 마블링을 표현하는 선은 구심점을 중심으로 7개의 세로선으로써 마블링이 되도록 명료하게 작업하시오.

   ⓒ 개별 손톱 내에서 가로선의 폭은 동일하게 작업하시오[단, 소지의 경우 가로선 총 5개(흰색 3개, 빨간색 2개), 세로선 5줄로 줄여서 작업할 수 있음].

⑥ 컬러 도포 시 프리에지 단면 직전의 앞 선까지 모두 도포하시오.

⑦ 젤 베이스 코트 1회 – 빨간색 젤 폴리시 1회 이상 – 흰색과 빨간색 젤 폴리시 부채꼴 마블링 – 젤 톱 코트 1회의 순서로 도포하시오.

⑧ 젤 램프 기기는 수험자의 상황에 맞도록 적절히 사용하시오.

수험자유의사항

① 모델 손톱의 준비는 사전에 큐티클 정리가 되어 있는 상태를 유지하여야 합니다.

② 자연네일 파일링 시 문지르거나 비비지 말고 한쪽 방향으로 파일링하시오.

③ 길이는 옐로우 라인의 중심에서 5mm 이내(네일 바디 전체의 ½ 정도)로 일정하게 작업하시오.

④ 큐티클 연화제(큐티클 오일·리무버·크림), 멸균거즈는 작업 상황에 맞도록 적절히 사용하시오.

⑤ 젤 폴리시 외 부적합한 제품(물감, 통젤, 빨간색을 벗어난 색 등)을 사용하지 마시오.

⑥ 컬러 도포 시 아트용 브러시를 사용하시오.

⑦ 젤 경화 시간을 준수하여 미경화된 부분이 남지 않도록 작업하시오.

⑧ 젤 톱 코트 후 마무리 시 오일을 사용하지 마시오.

⑨ 큐티클 니퍼, 큐티클 푸셔, 클리퍼, 네일 더스트 브러시, 오렌지우드 스틱(푸셔용)은 알코올 소독 용기에 담가 두시오.

1 손 소독하기(수험자+모델)

• 솜 또는 멸균거즈(안티셉틱에 적셔진 솜 또는 멸균거즈)를 사용하여 수험자의 오른쪽 · 왼쪽 양손과 모델의 손등과 손가락 사이사이, 손바닥 등을 꼼꼼히 닦아낸다(❶~❻).

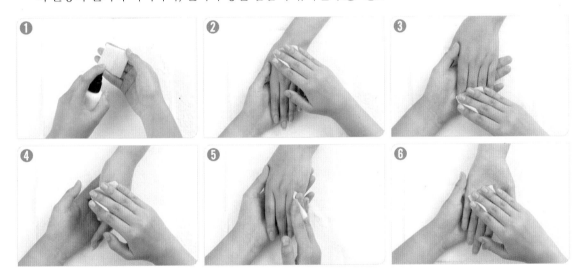

✔ **주의**

* 소독 시 사용된 솜 또는 멸균거즈는 즉시 위생봉투에 넣고 다시 새것으로 바꾸어 사용해야 한다.

2 조체 모양잡기

(1) 조체 모양다듬기

• 에머리보드(우드) 파일을 이용하여 모델(왼손)의 소지, 약지, 중지, 인지, 모지의 순서로 프리에지를 라운드 모양으로 파일링한다(❶~❸).

✔ 주의

* 프리에지 길이는 5mm 이내로 하며, 다섯 손가락내 조체길이와 모양은 라운드가 일정하게 나와야 한다.
* 손톱면을 이루는 양쪽의 스트레스 포인트는 라운드로 시작하여 프리에지 단면(끝)은 각이 없는 상태여야 한다.
* 파일링 시 파일 면을 손톱면에 문지르거나 비벼 사용하면 안 된다. 반드시 한쪽 방향으로만 파일링되어야 한다.

(2) 손톱표면 샌딩하기

• 손톱표면 정리 및 유분기를 제거하기 위해 샌딩버퍼를 이용하여 손톱 측면과 정면, 양 측면 프리에지, 프리에지 단면 등을 버핑한다(❶~❹).

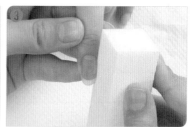

(3) 거스러미 제거 및 털어내기

• 소독용기에서 꺼낸 더스트 브러시는 멸균거즈를 사용하여 물기를 닦아낸 후 손등과 손톱의 잔해를 털어낸다(❶~❸).

(4) 손톱표면 이물질 제거하기

- 솜(또는 멸균거즈)을 이용하여 소독제를 바른 후 손톱면과 그루브, 프리에지 위·아래를 깨끗이 닦아낸다(❶~❸).

3 베이스 젤 바르기

- 베이스 젤은 손톱면 중앙 → 왼쪽 → 오른쪽 순서로 얇게 1회 펴 바른다(❶~❸).

- 모델 왼손의 소지 → 약지 → 중지 → 인지 → 모지 순으로 베이스 젤 브러시의 각도는 조체면에 대하여 45°로 운행한다(❹~❻).

- 젤 램프에 30초 정도 큐어링한다(❼~❾).

제2과제 젤 매니큐어

4 레드 젤 폴리시 바르기

(1) 1차 젤 폴리시 도포

- 모델(왼손)소지의 손톱면 중앙 → 왼쪽 → 오른쪽 순으로 세로로 바르고 프리에지 단면은 가로(왼쪽에서 오른쪽 방향으로 향해)로 컬러링한 후 큐어링한다(❶~❻).

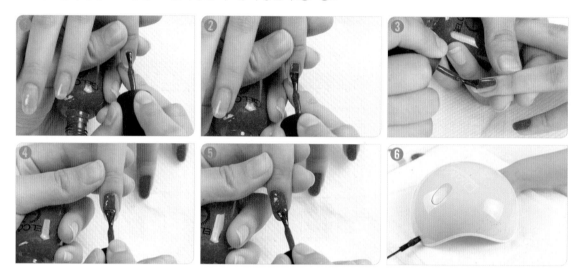

(2) 2차 젤 폴리시 도포

- 2차 젤 폴리시 도포 역시 왼쪽 측면에서 오른쪽 측면을 향해 오버랩되도록 도포하나 프리에지 단면은 바르지 않는다(❼~❾).

(3) 젤 폴리시 도포 마무리하기

- 손톱 주변에 묻은 젤 폴리시는 젤 클렌저를 멸균거즈에 묻혀서 반드시 닦아내고 젤 램프에 큐어링해야 한다(❿~⓬).

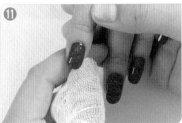

5 젤 클렌저 덜어내기

- 젤 브러시 또는 세필(아트) 브러시를 깨끗하게 사용하기 위해 젤 클렌저를 유리볼에 덜어 놓는다(❶).
- 호일을 이용하여 젤 폴리시(레드, 화이트)를 덜어낸다(❷, ❸).

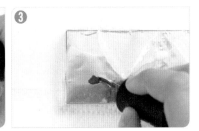

6 기본 가로선 만들기

화이트 젤 폴리시 컬러링 방법

* 선을 그리는 순서는 규정이 없으나 일정한 간격 또는 일정한 폭을 요구한다. 기준점 관련하여서는 수험자 스스로가 중심축을 가지고 편하게 작업한다.
* 가로선은 흰색 4줄과 빨강색 3줄을 교차로 하여 총 7면의 둥근 부채꼴이 작업된다.
* 세로선은 프리에지 길이 내 정중면을 중심으로 하는 7개의 선으로 마블링이 된다.

초보자일 경우

* 프리에지 내 정중선을 중심으로 4개의 가로 기준점을 찍어서 부채꼴의 간격을 맞춘다.

숙달이 된 경우

* 기준이 되는 중심점은 수험자 스스로가 가늠하여 라운드로 선을 긋는다.

(1) 화이트 젤 폴리시를 이용한 가로선 그리기

- 큐어링(레드 젤)된 폴리시 위에 화이트 젤 폴리시로 가로 제1선(기준점)을 긋는다(❶).
- 제1선(프리에지 정중면) 기준점을 중심으로 하여 가로 제2선을 긋는다(❷).
- 제2선인 흰색 가로선을 기준으로 제3선을 긋는다(❸).
- 제3선인 흰색 가로선을 기준으로 제4선을 긋는다(❹).

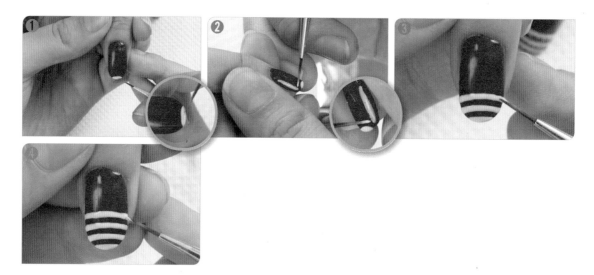

✔ 주의

* 각각의 손톱 내 가로선의 간격인 폭은 동일하게 작업한다.
* 젤의 점도(농도)는 일정해야 한다.
* 하나의 선을 그은 다음에는 브러시(세필 브러시)에 묻은 젤 폴리시를 젤 클렌저로 닦아낸 후 다음 선을 긋는다.

예시 1

• 소지는 가로 흰색 줄을 3번 정도 그어 놓는다.
• 소지가 끝나면 약지, 중지, 인지, 모지 순으로 흰색 가로선 4줄을 완성한 후 큐어링한다.

(2) 레드 젤 폴리시를 이용한 가로선 그리기

• 화이트 젤을 사용하여 가로선이 그어진 두꺼운 선은 일정한 폭(넓이, 간격)으로 만들기 위해 세필 브러시를 이용한다. 레드 젤 폴리시를 묻힌 후 우측에서 좌측을 향해 수정 또는 선의 굵기를 조정하듯이 가로선을 그어준다.

  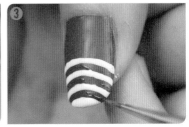

✔ **주의**

* 레드 젤을 이용하여 선을 그을 때 화이트 젤이 브러시에 묻으면 페이퍼 타월에 닦아가면서 폴리시의 번짐을 방지한다.

7 세로선 긋기(마블링)

- 프리에지 정중점을 중심으로 위에서 아래로 제1선을 긋고, 제2선은 왼쪽 그루브 사이 ½ 선을 삼각베이스 모양으로 그어준다(❶, ❷).
- 프리에지 정중선에서 오른쪽 그루브 사이 ½ 선을 삼각베이스 모양의 제2선으로 그어준다(❸).

✔ **주의**

* 세로선은 제품을 묻히지 않은 세필 브러시만을 사용하여 선을 그음으로써 마블링이 형성된다.

- 제2선을 중심으로 왼쪽 측면과 오른쪽 그루브 사이를 향해 삼각베이스로 하는 ½선인 제3선을 그어준다(❹~❻).

- 프리에지 정중선을 중심으로 손톱 왼쪽면에 4개의 선을 만들기 위해 제2선을 중심으로 ½선을 그음으로써 제4선이 형성된다(❼~❾).

제2과제 젤 매니큐어

- 제1선을 중심축으로 오른쪽 그루브 사이를 삼각베이스로 ½로 나누는 제5선을 그어준다(❿).
- 제5선과 오른쪽 측면 그루브 사이에 삼각베이스로 ½선을 나눈 제6선을 형성한다(⓫).
- 제1선과 제5선을 중심으로 ½선을 그음으로써 제7선이 형성된다(⓬).

  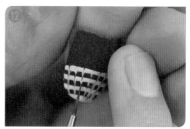

8 부채꼴 마블링 선 긋기

- 화이트 젤 폴리시를 사용하여 가로선 4개를 만들고, 세로선은 세필 브러시를 사용하여 프리에지 정중
  선을 중심축으로 하여 오른쪽 3선, 왼쪽 3선, 합 7개(정중선 포함)의 선을 그어서 부채꼴로 마블링을 완
  성한 후 젤 램프에 30초 정도 큐어링한다(❶~❸).

9 톱 젤 바르기

- 손톱면에 광택을 주기 위해 소지에서부터 모지까지 톱 젤을 1회 얇게 펴 바른 후, 젤 램프에 2분 정도
  큐어링한다(❶~❸).

10 손톱표면 닦기

- 젤 클렌저를 솜(또는 멸균거즈)에 묻혀 소지에서 모지까지 손톱면을 닦아내어 부채꼴 마블링 작업을 완성한다(**1**~**3**).

✔ **주의**

* 손톱면에 미경화 젤이 남지 않도록 화장솜으로 꼼꼼히 닦아주어야 한다.

> **부채꼴 마블링 완성**

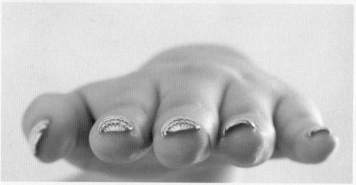

> **정리해보기**

부채꼴 마블링 절차

손 소독하기(수험자+모델) → 조체 모양잡기 → 베이스 젤 바르기 및 큐어링 → 레드 젤 폴리시 바르기 및 큐어링 → 젤 클렌저 덜어내기 → 가로선 그리기 → 마블링 세로선 긋기 및 큐어링 → 톱 젤 바르기 및 큐어링 → 조체면 닦기

작업대 정리하기

부채꼴 마블링 작업이 완성된 후 사용된 재료와 도구 등은 재료 정리대에 위생적으로 처리하고 작업대 위를 반드시 깔끔하게 정리한다.

Chapter 02

선 마블링

선 마블링은 부채꼴 마블링 작업에서와 같이 손 소독(수험자+모델), 손톱모양 잡기, 베이스 젤 바르기 및 큐어링까지는 동일한 작업이 수행된다.

요 구 사 항

※ 지참 재료 및 도구를 사용하여 아래의 요구사항에 따라 선 마블링을 완성하시오.

① 과제를 수행하기 위해 수험자의 손 및 모델의 손과 손톱을 소독하시오.

② 필요한 경우 손톱 주변의 불필요한 각질이나 거스러미를 제거하기 위한 건식케어를 실시하시오(순서와는 무관함).

③ 손톱 프리에지 형태는 라운드(도면과 같이 스트레스 포인트에서부터 프리에지까지 직선이 존재하고, 끝 부분은 라운드 형태를 이루어야 하며, 프리에지의 어느 곳에서도 각이 없는 상태)로 조형하시오.

④ 자연손톱 표면을 버퍼로 정리한 후 주변의 잔여물 및 유·수분기를 제거하시오(표면에 네일 전 처리제를 사용할 수 있음).

⑤ 펄이 첨가되지 않은 순수 흰색과 빨간색 젤 네일 폴리시를 사용하여 왼손 1~5지의 손톱 모두를 선 마블링으로 완성하시오.

ㄱ 흰색과 빨간색 교대 배열 세로선 8개(흰색, 빨간색 각 4개) : 흰색과 빨간색을 번갈아가며 총 8개의 교차된 세로선을 일정한 간격으로 5개의 손톱 모두 균일하게 작업하시오.

ㄴ 마블링 가로 교차선 5줄 : 마블링을 표현하는 가로선은 완만한 곡선을 이루며, 좌·우측 방향으로 번갈아가며 마블링이 되도록 명료하게 작업하시오.

ㄷ 개별 손톱 내에서 각 선의 간격은 균일하게 작업하시오[단, 소지의 경우 세로선 총 6개(흰색, 빨간색 각 3개), 가로 교차선 3줄로 줄여서 작업할 수 있음].

⑥ 컬러 도포 시 프리에지 단면 직전의 앞 선까지 모두 도포하시오.

⑦ 젤 베이스 코트 1회 – 흰색과 빨간색 젤 폴리시 선 마블링 – 젤 톱 코트 1회의 순서로 도포하시오.

⑧ 젤 램프 기기는 수험자의 상황에 맞도록 적절히 사용하시오.

수 험 자 유 의 사 항

① 모델 손톱의 준비는 사전에 큐티클 정리가 되어 있는 상태를 유지하시오.

② 자연네일 파일링 시 문지르거나 비비지 말고 한쪽 방향으로 파일링하시오.

③ 길이는 옐로우 라인의 중심에서 5mm 이내(네일 바디 전체의 ½ 정도)로 일정하게 작업하시오.

④ 큐티클 연화제(큐티클 오일·리무버·크림), 멸균거즈는 작업 상황에 맞도록 적절히 사용하시오.

⑤ 젤 폴리시 외 부적합한 제품(물감, 통젤, 빨간색을 벗어난 색 등)을 사용하지 마시오.

⑥ 컬러 도포 시 아트용 브러시를 사용하시오.

제2과제 젤 매니큐어

⑦ 젤 경화 시간을 준수하여 미경화된 부분이 남지 않도록 작업하시오.

⑧ 톱 젤 코트 후 마무리 시, 오일을 사용하지 마시오.

⑨ 큐티클 니퍼, 큐티클 푸셔, 클리퍼, 네일 더스트 브러시, 오렌지우드 스틱(푸셔용)은 알코올 수용액이 든 소독 용기에 담그어 두시오.

1 젤 클렌저 및 젤 폴리시 덜어내기

라운드 모양의 자연손톱에 작업되는 선 마블링은 먼저 8개의 세로선(화이트 라인 4개, 레드 라인 4개가 교차)을 일정한 간격으로 긋고 가로선 5개를 작업한다. 단, 소지의 경우 세로선과 가로선은 3개 정도만 그어도 채점 점수에 지장을 주지 않는다.

• 젤 클렌저를 유리볼에 먼저 덜어 놓은 후, 화이트 젤과 레드 젤을 호일에 사용할 만큼 덜어낸다 (❶~❸).

✔ 주의

* 유리볼에 담긴 젤 클렌저는 선을 그을 때 브러시에 묻은 젤 또는 폴리시의 번짐을 방지하기 위해서 사용한다. 따라서 사용 시 브러시를 젤 클렌저에 담그어 페이퍼 타월에 닦아쓰는 용도이다.

2 세로선 그리기

소지 · 약지 · 중지 · 인지 · 모지 등의 순서로 선 마블링 작업을 한다. 레드 젤을 사용하여 4개의 붉은 면을 작업한 후, 붉은 면 사이로 화이트 젤로 4개의 흰색 면을 채운다.

레드 젤 폴리시 컬러링 방법
* 선을 그리는 순서는 규정이 없으나 일정한 간격을 요구하므로 수험자 스스로가 기준점인 중심축을 가지고 편하게 작업한다.
* 세로선은 프리에지 정중면을 중심으로 8개(레드선 4개, 화이트선 4개)의 선이 된다.
* 세로선(8줄)을 중심으로 가로선(세필 브러시로 5줄을 그음으로써 마블링이 됨)을 교차로 하여 선 마블링이 작업된다.

초보자일 경우
* 네일 그루브와 정중선을 중심으로 4개의 기준점을 찍어서 선 마블링의 간격을 맞춘다.

숙달이 된 경우
* 가늠하여 직선으로 선을 긋는다.

⑴ 레드 젤 세로선 그리기

- 왼쪽 측면 그루브를 메우면서 가이드라인으로 제1선을 긋는다(❶).
- 제1선을 중심축으로 하여, 왼쪽 그루브와의 사이에 ¼선을 제2선으로 그어준다(❷).
- 제2선을 중심축으로 하여, 왼쪽 그루브와의 사이에 ¾선을 제3선으로 그어준다(❸).
- 제3선을 중심축으로 하여, 왼쪽 그루브와의 사이에 ¾선을 제4선으로 그어준다(❹).

✔ 주의

* 붉은 선이 갖는 면이 일정한 폭 또는 간격이 유지되도록 레드 젤을 사용하여 4개의 면을 다시 한 번 정리한다(숙련자는 생략할 수 있다).

- 선이 그려진 뒤 다시 한 번 일정한 선이 갖는 폭의 면적이 나올 수 있도록 보완 작업을 해준다(❺~❿).

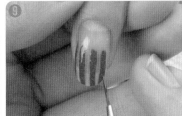

(2) 화이트 젤 세로선 채우기

- 레드 젤로 그어진 4개 선의 빈 공간 각각에 화이트 젤로 채워줌으로서 흰색의 면이 형성된다(❶~❹).
- 소지의 세로선을 그은 후 가로선을 긋는다.
- 소지는 손톱 길이가 가장 짧아 보통 6개면(흰색, 빨간색 각 3개)의 세로선과 3줄의 가로선을 그린다.

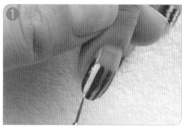

✔ 주의

* 흰 선이 일정하지 않을 시, 레드 젤로 덧칠할 시 일정 패턴을 만들어 준다.
* 기본선을 만들 때와 같이 각 손가락에 따라 그리는 순서는 수험자의 의도대로 할 수 있다.

3 가로선 그리기

- 선의 간격을 일정하게 하기 위해 프렌치 라인을 우선으로 하여 스마일 라인이 양쪽 그루브와 대칭이 형성되도록 젤 브러시를 사용하여 정리한다(❶~❸).

✔ 주의

* 젤 브러시로 프렌치 라인을 완만한 스마일 라인 모양으로 첫 번째 선을 그어 경계선(마블링 면과 자연손톱 간의 경계)을 선명하게 한다.

- 선 마블링을 만들기 위해 프렌치(손톱)면의 ⅔ 정도 면적을 세필 브러시를 사용하여 제1의 가로선을 긋는다(④, ⑤).
- 제1의 가로선을 중심축으로 하여, 프리에지 단면(끝)까지에서 ⅓ 정도 면적인 제2 가로선을 긋는다(⑥).
- 제1의 가로선을 중심축으로 하여 아래, 스마일 라인까지 ½ 정도의 면적인 제3의 가로선으로 나눈다(⑦).
- 제1의 가로선과 제2의 가로선 ½ 정도 면적을 제4의 가로선으로 나눈 후, 젤 램프에 30초 정도 큐어링한다(⑧, ⑨).

✔ 주의

* 한 줄의 선을 그을 때마다 세필 브러시에 묻은 젤을 젤 클렌저와 페이퍼 타월로 닦아내면서 다음 선을 끌듯이 그어준다.
* 가로 또는 세로로 분류하는 선은 간격과 폭에서 일정하게 분배되어야 한다.
* 경계를 나타내는 선을 긋는 것은 오른쪽 또는 왼쪽, 위 또는 아래에서 시작점은 수험자의 관점에서 행할 수 있다.

4 톱 젤 바르기

- 왼쪽 손 소지에서부터 톱 젤을 손톱면의 중앙에서 왼쪽, 오른쪽 순으로 여러 번 얇게 쓸어내리듯 도포한 후 젤 램프에서 1~2분 정도 큐어링한다(①~④).

✔ 주의

＊톱 젤 도포 시, 얇게 여러 번 쓸어내리듯 도포하지 않으면 기포가 생길 수 있다.

5 손톱표면 닦기

젤 클렌저를 솜(또는 멸균거즈)에 묻혀 소지에서 모지까지 손톱면과 주변(미경화 젤)을 깔끔히 닦아내어 선 마블링 작업을 완성시킨다(❶~❺).

> 선 마블링 완성

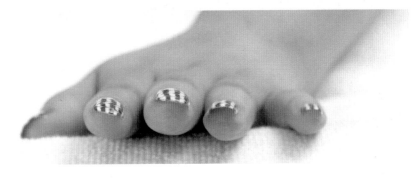

> 정리해보기

선 마블링 절차

손 소독하기(수험자+모델) → 조체모양 잡기 → 베이스 젤 바르기 및 큐어링 → 세로선 그리기→ 가로선 그리기 및 큐어링 → 톱 젤 바르기 및 큐어링 → 조체면 닦기

작업대 정리하기

선 마블링 작업이 완성된 후, 작업된 재료와 도구 등을 재료 정리대에 위생적으로 처리하고 작업대 위를 반드시 깔끔하게 정리한다.

레드 젤 딥 프렌치 후 선 마블링하기

(1) 딥 프렌치 컬러링하기

- 선 마블링 작업을 하는 순서는 정해진 규정이 없으나 일정한 간격을 요구하므로 기준선이 되는 중심점은 수험자 스스로가 편한 방법을 선택하여 작업한다.
- 레드 젤 폴리시를 사용하여 딥 프렌치로 컬러링한다(❶~❻).

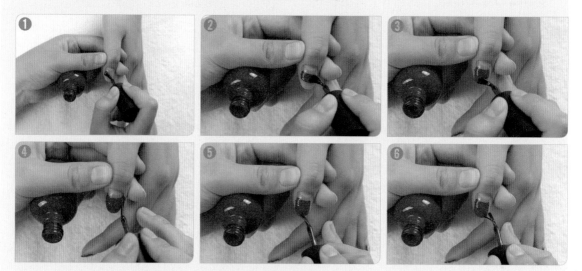

- 젤 브러시에 젤 클렌저를 묻혀 손톱주변에 묻은 젤 폴리시를 닦아낸 후 젤 램프에 큐어링한다(❼~❾).

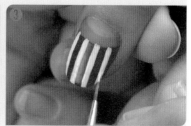

(2) 세로선 그리기

- 화이트 젤 폴리시를 사용하여 세로선 4줄을 균등하게 그려주고 레드 젤 폴리시를 사용하여 흰색과 흰색의 세로선 사이에 가볍게 그려준다(❶~❸).

- 젤 브러시를 이용하여 딥 프렌치 라인을 가볍게 쓸어준다(④~⑥).

(3) 가로선 그리기 및 큐어링

- 아트 브러시를 이용하여 왼쪽에서 오른쪽으로 균등한 가로선이 되도록 2줄을 그어준다.
- 1번과 3번 가로선 사이를 오른쪽에서 시작하여 왼쪽으로 가로선을 그어준다.
- 3번 4번 가로선 사이를 오른쪽에서 시작하여 왼쪽으로 가로선을 그어준 후 젤 램프에 30초 정도 큐어링한다.
- 첫 번째 가로선은 왼쪽에서 시작하여 오른쪽으로, 두 번째 가로선은 오른쪽에서 시작하여 왼쪽으로 가로로 그어준다.

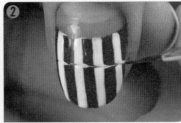

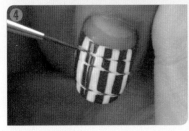

(4) 톱 젤 바르기

- 톱 젤을 프리에지까지 바른 후 젤 램프에 1~2분 정도 큐어링한 후, 젤 클렌저를 사용하여 미경화 젤을 닦아낸다.

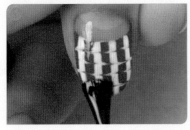

제 3 과제

인조네일

인조네일 세부과제

작업목표

세부항목	작업목표
1. 내추럴 팁 위드 랩	1. 팁을 선택하여 접착할 수 있다. 2. 글루, 젤 글루를 이용하여 팁을 완전히 부착할 수 있다.
2. 네일 랩 익스텐션 / 젤 · 아크릴 스컬프쳐	1. 팁을 선택하여 접착할 수 있다. 2. 팁의 길이를 자르고, 팁턱을 제거할 수 있다. 3. 글루, 필러 파우더를 이용하여 팁턱의 단차를 줄이고 랩을 할 수 있다. 4. 글루를 오버레이하고 글루 드라이한 후 파일로 전체를 버핑할 수 있다. 5. 젤을 오버레이한 후, 파일로 전체를 버핑할 수 있다. 6. 아크릴을 오버레이한 후, 파일로 전체를 버핑할 수 있다. 7. 큐티클에 오일을 바른 뒤 3-Way를 이용하여 광택을 낼 수 있다.

과제 개요

개요	손톱모양	세부과제	네일부위	배점	작업시간
인조네일	프리에지는 0.5cm 이내의 라운드 형태로 제1과제 작업 (매니큐어 컬러링)된 상태	내추럴 팁 위드 랩	• 오른손 중지 · 약지(작업순서 상관없음) • 제3과제 손톱 모양은 1mm 이내의 라운드 또는 오벌형으로 모양을 냄.	30점	40분
		젤 원톤 스컬프쳐			
		아크릴 프렌치 스컬프쳐			
		네일 랩 익스텐션			

1 제3과제 준비하기

(1) 검정과제 준비하기

① 먼저 작업대(네일 테이블)를 소독제를 묻힌 화장솜을 이용하여 닦는다.

② 소독된 작업대 위로 타월과 키친타월, 손목 받침대를 세팅한 후 재료 정리대를 작업대 위에 올린다.

③ 작업대 내에 멸균거즈를 깔고 소독용기를 올린 후, 70% 수용액(알코올 70% + 물 30%)의 소독제를 만들어서 용기 ⅔ 정도를 채운다.

④ 과제 작업 시 사용되는 니퍼, 푸셔, 더스트 브러시, 클리퍼, 오렌지우드 스틱 등이 충분히 잠길 수 있도록 하여 소독제가 든 소독용기 내에 담그어 둔다.

(2) 인조네일 재료정리대 준비하기

정리대에 시험 과제 작업에 요구되는 재료와 도구가 모두 세팅되었는지 확인한다.

소모품	재료	도구
타월, 페이퍼 타월, 소독용기, 오렌지우드 스틱, 솜통(화장솜, 멸균거즈), 지혈제, 호일, 손소독제 (안티셉틱)	큐티클 오일, 쏙 오프 전용 리무버, 클리퍼	우드파일, 샌딩버퍼, 인조네일용 파일, 푸셔, 더스트 브러시

(3) 준비물 및 재료도구

① 소독용기 세팅

• 멸균거즈를 정리대 바닥에 깔아두고 유리용기인 소독용기를 올린다.

• 70% 알코올 수용액을 유리용기 ⅔ 정도로 채운다.

• 알코올이 들어있는 유리용기에 니퍼, 푸셔, 클리퍼, 오렌지우드 스틱, 더스트 브러시를 담그어 둔다.

② 제품 세팅

• 제품을 다른 용기에 덜어오는 것은 허용되지 않는다.

• 검정과제 작업 시에 요구되는 제품을 준비한다(사용하던 제품도 가능함).

• 단, 폴리시 리무버는 용기에 담겨진 형태로 덜어서 지참해도 된다.

③ 핑거 볼, 보온병, 분무기 등은 정리대 밖에 수험자가 동선을 생각해서 세팅할 수 있다.

④ 큐티클 연화작업에 사용되는 핑거 볼은 과제 작업 직전에 보온병의 미지근한 물을 부어서 사용한다.

⑤ 솜통, 멸균거즈, 화장솜, 스펀지, 페이퍼 타월은 뚜껑이 있는 용기 보관한다.

⑥ 과제작업에 필요한 도구와 재료를 수험자의 작업 순서에 용이하게 작업대(네일 테이블)에 정리 정돈하여 세팅한다.

2 작업대 세팅

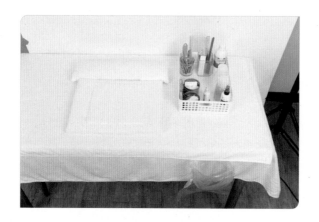

(1) 작업대(네일 테이블)

타월을 깔고 타월 위에 페이퍼 타월을 얹어 준비한다.

* 페이퍼 타월은 도구 소독이나 재료의 세팅, 브러시 등의 잔여물을 닦는 용도로 사용된다.

(2) 손목 받침대

40×80cm 정도의 쿠션 받침대로서 모델의 손목과 팔을 작업하기에 용이하게 하므로 모델 앞에 놓는다.

* 손목 받침대 대체물로 타월을 말아서 사용할 수 있다.

(3) 재료 정리대

과제 작업에 요구되는 도구와 재료 등이 세팅된 작업정리대는 작업대(수험자의 관점에서) 오른편에 세팅한다.

(4) 위생봉투

작업대(수험자의 관점에서) 오른편에 스카치테이프를 사용하여 위생봉투를 붙여놓는다.

요구사항 및 감점요인

1 공통 요구사항

(1) 준비하기

① 수험자는 마스크와 보안경을, 모델은 마스크를 착용해야 한다.

② 모델의 손톱은 과제 규정에 맞게 구비되어야 한다.

③ 작업과제에 요구되는 준비물이 잘 구비되어야 한다.

④ 작업대(네일 테이블)는 인조네일에 필요한 제품과 도구가 과제에 따라 세팅되어야 한다.

⑤ 소독용기에는 위생이 요구되는 필요도구가 알코올 수용액(70%)에 담그어져 있어야 한다.

⑥ 수험자와 모델의 손과 손톱은 규정에 맞게 소독하여야 한다.

⑦ 작업 순서(절차)는 정확하고 규정에 맞게 작업되어야 한다.

⑧ 작업 과정과 절차에 따라 파일을 선택해야 하며 작업 손톱 파일링 시, 양쪽 방향으로 비비거나 문지르지 않아야 한다.

⑨ 자연손톱은 1mm 이하의 라운드(또는 오벌)형으로 조형하여야 한다.

⑩ 인조손톱은 스퀘어(가로·세로 직선모양)로 조형하여야 한다.

(2) 마무리하기

① 손톱표면과 손톱 아래의 거스러미, 분진, 먼지, 불필요한 오일 등은 과제 작업 제한시간 내에 마무리 완료해야 한다.

② 과제작업 종료 후, 작업대 주변과 재료 및 도구 등을 위생적으로 정리 정돈하여야 한다.

2 세부과제별 요구사항

세부과제	요구사항
내추럴 팁 위드 랩	• 모델의 3·4지 손톱에 맞는 팁을 선택하여 자연손톱에 잘 부착하여야 한다. • 팁 접착 시 기포가 생기지 않아야 하며, 부착된 팁의 길이는 0.5~1cm 정도로 팁 커터로 자른다. • 팁턱 제거 시, 자연손톱을 손상시키지 않게 자연스럽게 연결시켜야 한다. • 하이 포인트를 만들기 위하거나 팁턱 제거 시, 패인 부분을 메꾸기 위해 필러 파우더와 글루를 적당한 양으로 도포 후 글루 드라이어로 건조, 파일링을 통해 투명하게 연출하여야 한다. • 적당한 크기로 실크를 재단한 후 접착하여야 한다. • 글루 도포 상태와 C-커브 형성에 따른 전체 모양과 길이의 완성도는 조화롭게 이루어져야 한다.
젤 원톤 스컬프쳐	• 폼지가 자연손톱과 일직선 구조를 갖추고 폼 접착 시, 기포나 얼룩이 생기지 않아야 한다. • 젤 폴리시 도포 상태에 따라 인조손톱과 경계지지 않게 연결시켜야 한다. • C-커브는 20~40% 원형으로 하여야 한다. • 그루브 측면은 자연손톱과 인조손톱을 이어주는 프리에지까지 직선으로서 스퀘어 모양을 유지해야 한다. • 젤 원톤 스컬프쳐 모양과 길이, 두께를 일정하게 하여 맑고 투명하게 파일링하여야 한다.
아크릴 프렌치 스컬프쳐	• 자연손톱과 폼지가 일직선을 이루어야 하며, 폼 접착 시 기포가 생기거나 얼룩지지 않아야 한다. • 스마일 라인의 좌우 대칭에 따른 선명도와 깊이가 일정해야 한다. • 자연손톱과 인조손톱의 경계가 자연스럽게 연결되어야 하며, 하이 포인트를 중심으로 좌우, 상하 연곡선에 따른 연결이 조화롭게 완성되어야 한다. • C-커브는 20~40% 원형으로 핀치하여야 한다. • 아크릴 프렌치 스컬프쳐 모양과 길이, 두께를 일정하게 하여야 한다.

세부과제	
네일 랩 익스텐션	• 적당한 실크 크기와 함께 자연손톱 면에 접착을 정확히 해야 한다. • 글루 도포 시, 피부에 닿지 않도록 적당히 도포해야 한다. • 인조손톱과 자연손톱의 경계가 자연스러워야 한다. • 연장된 인조손톱의 프리에지 길이는 0.5~1mm 미만으로서 스퀘어 모양으로 조형해야 한다. • 3지와 4지(중지·약지) 내 C-커브 형성과 전체적인 모양과 길이의 완성도는 조화롭게 이루어져야 한다. • 하이 포인트를 중심으로 좌우, 상하 연곡선에 따른 연결이 조화롭게 완성되어야 한다.

3 감점요인

세부과제	감점요인
내추럴 팁 위드 랩	• 작업 시작 전, 폼을 재단하거나 미리 붙일 때 • 조체 주변 피부에 잔여물이 남아있을 때 • 오렌지우드 스틱 사용 후 위생봉투에 넣지 않았을 때 • 조체 주변 잔여물을 오렌지우드 스틱 또는 멸균거즈를 사용하지 않고 맨 손톱으로 끌거나 지울 때 • 파일 사용 시, 문지르거나 비벼서 사용할 때 • 작업 시작 전, 팁의 크기를 미리 선택할 때 • 인조네일 팁을 미리 재단하거나 붙일 때 • 팁턱 제거 시, 자연손톱이 손상될 때 • 글루 도포 시, 피부에 닿거나 흘러내릴 때
젤 원톤 스컬프쳐	• 작업 시작 전, 폼을 재단하거나 미리 붙일 때 • 완성된 작품에 기포가 있을 때 • 미경화된 부분이 남아있을 때
아크릴 프렌치 스컬프쳐	• 작업 시작 전, 폼지를 재단하거나 미리 붙일 때 • 페이퍼 타월을 사용하고 난 뒤 위생봉투에 넣지 않을 때
네일 랩 익스텐션	• 실크를 미리 재단하거나 붙일 때 • 글루가 손톱 주위에 묻을 때 • 글루 도포 시, 글루가 피부에 닿거나 흘러내릴 때

채점기준(30점)

준비 및 위생상태	시술절차(순서)	인조네일의 구조 및 정확성	숙련도 및 완성도	조화도	총계
2	5	10	10	3	30

* 작업 시 출혈(-2점 감점)/과제 도중 도구 또는 재료를 꺼내는 경우(-1점 감점)

MEMO

한눈에 보는 인조네일 시술과정

내츄럴 팁 위드랩

젤 원톤 스컬프쳐

공통 과정

❶ 소독하기

❷ 폴리시 제거하기

❸ 손톱 길이 자르기

❹ 손톱 모양 잡기

❺ 손톱표면 샌딩하기

❻ 먼지 제거하기

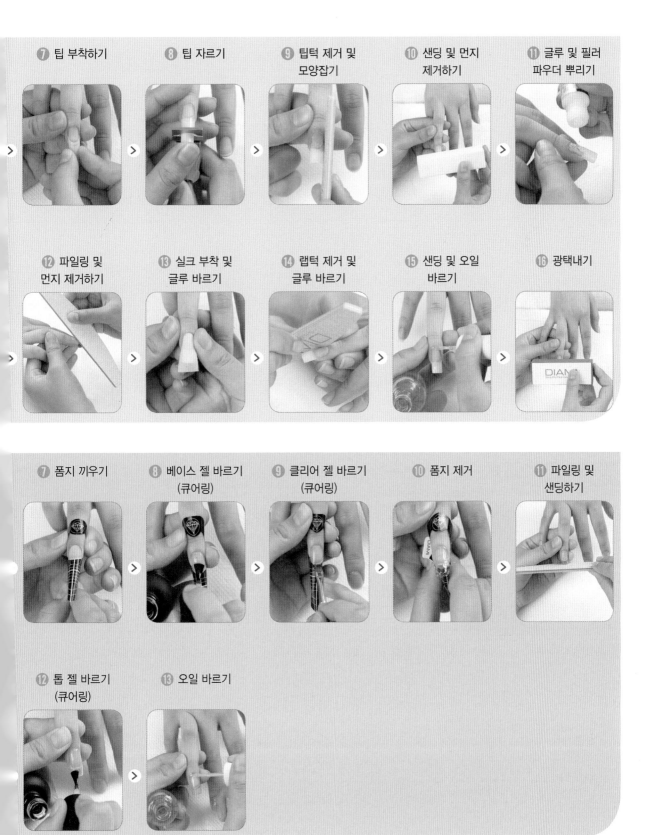

7 팁 부착하기

8 팁 자르기

9 팁턱 제거 및 모양잡기

10 샌딩 및 먼지 제거하기

11 글루 및 필러 파우더 뿌리기

12 파일링 및 먼지 제거하기

13 실크 부착 및 글루 바르기

14 랩턱 제거 및 글루 바르기

15 샌딩 및 오일 바르기

16 광택내기

7 폼지 끼우기

8 베이스 젤 바르기 (큐어링)

9 클리어 젤 바르기 (큐어링)

10 폼지 제거

11 파일링 및 샌딩하기

12 톱 젤 바르기 (큐어링)

13 오일 바르기

한눈에 보는 인조네일 시술과정

아크릴프렌치스컬프쳐

네일 랩 익스텐션

공통 과정

❶ 소독하기

❷ 폴리시 제거하기

❸ 손톱 길이 자르기

❹ 손톱 모양 잡기

❺ 손톱표면 샌딩하기

❻ 먼지 제거하기

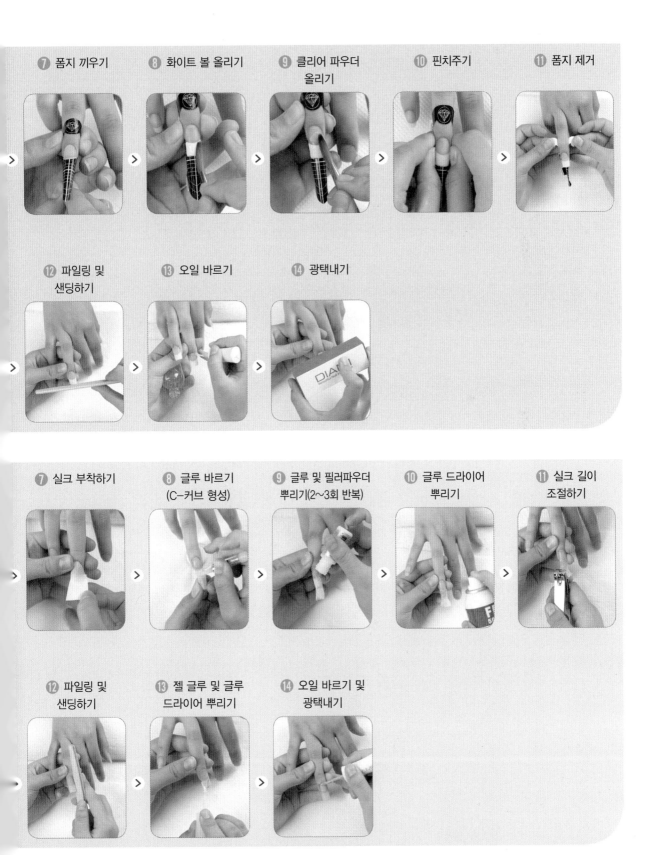

❼ 폼지 끼우기

❽ 화이트 볼 올리기

❾ 클리어 파우더 올리기

❿ 핀치주기

⓫ 폼지 제거

⓬ 파일링 및 샌딩하기

⓭ 오일 바르기

⓮ 광택내기

❼ 실크 부착하기

❽ 글루 바르기 (C-커브 형성)

❾ 글루 및 필러파우더 뿌리기(2~3회 반복)

❿ 글루 드라이어 뿌리기

⓫ 실크 길이 조절하기

⓬ 파일링 및 샌딩하기

⓭ 젤 글루 및 글루 드라이어 뿌리기

⓮ 오일 바르기 및 광택내기

Chapter 01

내추럴 팁 위드 랩

제1과제가 작업된 모델의 오른손 약지 · 중지의 자연손톱 프리에지는 1mm 이하의 라운드(또는 오벌 모양)로 파일링한 후, 팁을 붙여 스퀘어가 되도록 일직선으로 자른다. 인조손톱을 글루로 연결시킨 자연손톱에 실크를 올려 오버레이한다.

요구 사항

※ **지참 재료 및 도구를 사용하여 아래의 요구사항에 따라 내추럴 팁 위드 랩을 완성하시오.**

① 과제를 수행하기 위해 수험자의 손 및 모델의 손과 손톱을 소독하시오.

② 1과제 작업 상태의 모델 손톱을 3과제 작업에 적합하도록 전처리하시오.
   - 사전 작업된 오른손 1~5지 손톱의 네일 폴리시를 모두 제거하시오.
   - 모델의 자연손톱은 1mm 이하의 라운드 또는 오벌(oval) 형태로 준비하시오.

③ 자연손톱 색을 띤 내추럴 색의 하프 웰 팁을 사용하여 오른손 중지, 약지 2개의 손톱에 도면과 같은 내추럴 팁 위드 랩을 완성하시오.

④ 부착된 팁은 길이 0.5~1cm 미만으로 모두 일정하게 맞추어 잘라내고, 가로 세로 모두 직선의 스퀘어 모양으로 조형하시오.

⑤ 팁의 경계선이 자연손톱과 매끄럽게 연결되도록 안전하고 자연스럽게 파일링하시오.

⑥ 글루(네일 글루, 젤 글루 등)는 수험자가 작업 상황에 맞도록 적절히 사용하되, 피부에 닿거나 흐르지 않도록 유의하시오.

⑦ 실크는 손톱 범위에 따라 알맞게 큐티클 부분을 1mm 정도 남기고 재단 및 부착하여 사용하시오.

⑧ 필러 파우더는 수험자가 작업 상황에 맞도록 적절히 사용하시오.

⑨ 손톱 표면은 중심(하이 포인트)에서 좌우, 상하 사방의 굴곡이 자연스럽게 연결되고, 기포없이 맑고 투명하게 완성하시오.

⑩ 인조손톱은 자연손톱 전체에 조형되어야 하며, 그 경계선을 매끄럽게 연결하되 주변의 피부가 손상되거나 출혈되지 않도록 유의하시오.

⑪ 프리에지 C-커브는 원형의 20~40% 비율로 두께는 0.5~1mm 이하로 일정하게 조형하시오.

⑫ 측면 사이드 스트레이트 선은 자연손톱에서부터 프리에지까지 연결선이 너무 올라가거나 쳐지지 않도록 하며 직선을 유지하여 만드시오.

⑬ 스퀘어 모양을 유지하여 2개 손톱 모두 일정하게 완성하시오.

⑭ 파일로 인한 거친 표면을 샌딩 버퍼로 매끄럽게 정리하시오.

⑮ 광택용 파일을 사용하여 광택을 마무리하시오.
   - 손과 손톱 주변의 먼지 혹은 사용된 오일을 깨끗이 제거하시오.
   - 핑거 볼, 네일 더스트 브러시, 멸균거즈, 큐티클 오일을 사용하시오.
   - 네일 더스트 브러시는 멸균거즈 등으로 물기를 완전히 제거한 후 사용하시오.

수 험 자 유 의 사 항

① 시작 전 팁 크기를 선택해 놓거나 재단을 하거나 미리 붙이지 마시오.
② 자연네일 파일링 시 문지르거나 비비지 말고 한쪽 방향으로 파일링하시오.
③ 모델의 손과 손톱에 지저분한 큐티클 및 거스러미, 먼지나 분진이 없도록 항상 깨끗이 정리하시오.
④ 작업시작부터 끝까지 눈을 보호할 수 있도록 하시오.
⑤ 구조를 위한 네일 도구(핀칭 봉, 핀칭 텅, 핀셋)는 작업내용에 맞게 적절히 사용하시오.
⑥ 마무리 작업의 먼지 및 오일 제거 시 핑거 볼, 네일 더스트 브러시, 멸균거즈, 큐티클 오일 등을 사용하시오.
⑦ 큐티클 니퍼, 큐티클 푸셔, 클리퍼, 네일 더스트 브러시, 오렌지우드 스틱(푸셔용) 등은 알코올 소독 용기에 담가 두어서 사용하시오.

1 손 소독하기

• 솜(또는 멸균거즈)에 소독제를 3번 정도 뿌려 수험자의 양손 손등, 손바닥, 손가락 등을 꼼꼼히 소독한다(❶~❸).

• 제1과제가 시술된 모델의 오른손을 손등, 손바닥, 손가락 등을 섬세하게 소독한다(❹, ❺).

2 폴리시 제거(1과제 컬러링 제거하기)

모델의 오른손(소지, 약지, 중지, 인지, 모지)에 레드 폴리시 컬러링된 상태에서 팁 위드 랩 작업이 시작된다. 과제가 시작되면 컬러링된 색조를 지우고 약지와 중지의 자연손톱을 라운드 모양(프리에지 5mm 이내) 상태로 하여 2차 프리퍼레이션을 작업한 후 팁 부착으로 들어간다.

- 제1과제를 작업하기 위한 풀 코트 폴리시(레드)를 제거하는 방법과 동일하게 소지에서부터 모지까지 깨끗하게 지운다(❶~❸).

❸ 손톱길이 및 모양다듬기

- 소독용기에서 꺼낸 클리퍼는 멸균거즈를 이용하여 물기를 제거한 후, 오른손 약지와 중지의 프리에지 길이를 1mm 정도 남기고 자른다(❶~❸).

- 에머리보드를 사용하여 약지와 중지 손톱의 오른쪽 스트레스 포인트에서 중앙으로, 왼쪽의 스트레스 포인트에서 중앙을 향해 한쪽 방향으로 파일링하여 모양을 다듬는다(❹~❻).

4 손톱표면 정리하기

샌딩블럭을 사용하여 손톱면을 둥글게 그리면서 프리에지까지 부드럽게 버핑한다(①~⑤).

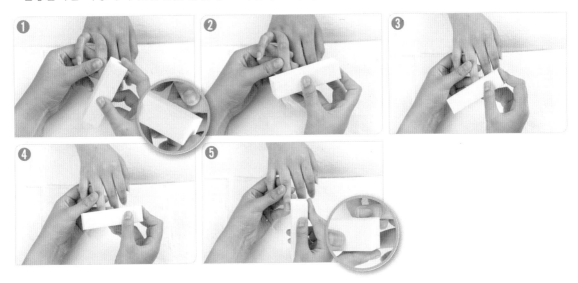

5 거스러미 제거 및 털어내기

표면이 정리된 약지와 중지의 손톱면을 더스트 브러시(소독용기에서 꺼내어 멸균거즈로 물기 제거 후 사용)로 깨끗하게 정리한다(①, ②).

6 팁 선정하기 및 붙이기

• 손톱 양쪽(스트레스 포인트)과 인조 팁의 사이즈가 11자가 되는 동일한 팁을 선택하여 자연손톱에 맞추어 본다(①~③).

• 팁웰 부분에 젤 글루(또는 글루)를 바른 후 손톱면에 대하여 팁을 45° 아래로 하여 자연손톱의 프리에지와 스트레스 포인트 지점에 붙인다. 이때 팁은 수평으로 하여 4~5초 정도 눌러 기포가 생기지 않도록 한다. 부착된 후 수험자의 모지와 인지로 그루브 부위를 잡고 4~5초간 아치 형태로 살짝 눌러준다(④~⑥).

✔ 주의

* 과제에 사용되는 팁은 웰선이 있는 내추럴 하프웰팁으로서 스퀘어 모양이어야 한다.
* 팁웰은 손톱 양쪽 끝(그루브)에 정확하게 맞게 붙여야 한다.
* 글루는 팁의 웰에 소량 도포하여 기포가 생기지 않도록 수험자 양쪽 엄지 또는 모지와 인지를 이용하여 5~10초간 스트레스 포인트를 지그시 눌러준다.
* 기포가 생길 경우 즉시 팁이 접착된 웰 부분에 라이트 글루를 소량 도포한다.

7 팁 자르기

팁이 부착된 인조네일의 길이(1cm)를 결정하기 위해 팁의 아래·위로 맞물리게 커터를 팁 속에 직각으로 넣어 1.2cm 정도 남기고 자른다(①~③).

✔ 주의

* 팁웰에서 시작된 프리에지(인조팁 길이)는 1.2cm 정도 길이로서 커터를 직각이 되도록 하여 자른다. 이때 인조네일의 모양은 스퀘어로 하며 프리에지 길이는 0.5~1cm 정도가 되도록 파일링한다.
* 팁을 팁 커터로 자를 때, 수험자의 왼손으로 팁턱과 팁 프리에지를 고정시킴으로써 자연손톱에 부착된 인조팁이 떨어지지 않는다.

8 팁턱 제거 및 인조네일 모양 만들기

파일(150~180그리트)을 사용하여 자연손톱 면에 손상이 가지 않도록 팁 길이, 팁 측면, 팁턱 등을 파일링하여 인조네일 길이(0.5~1cm 정도)를 정리하고 팁의 턱을 제거한다(❶~❽).

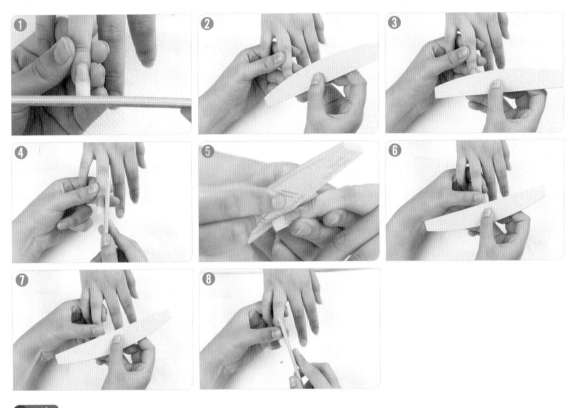

✔ 주의

* 자연손톱과 부착된 팁턱 사이를 지나치게 파일링하면 자연손톱이 손상될 수 있다.

9 샌딩 및 거스러미 제거하기

샌딩블럭으로 인조네일의 손톱면과 측면, 프리에지까지 매끄럽게 정리한 후 더스트 브러시로 잔해를 털어낸다(❶~❻).

🔟 글루 및 필러 파우더 뿌리기

- 인조네일의 손톱면에 글루를 바름으로써 표면이 들뜨지 않게 한다(❶).
- 필러 파우더를 뿌려서(굴곡된 면에 따라 1~2회) 하이 포인트를 만들어 준 후, 하이 포인트 위에 글루를 바른다(❷~❺).
- 글루 드라이어를 분사한다(❻).

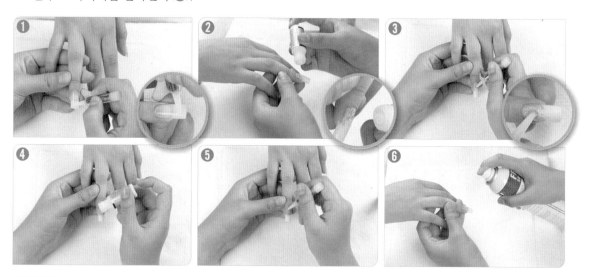

> ✔ **주의**
>
> * 글루 드라이어 분사는 20cm 거리를 두고 짧게 끊어서 분사함으로써 기포와 손톱의 변색을 방지할 수 있다.
> * 하이 포인트가 수평적인 손톱면에 대하여 20~25° 정도의 아치가 보이게 한다.
> * 하이 포인트 형태는 글루와 필러 파우더를 사용함으로써 턱(둔턱)을 만든다.

1️⃣1️⃣ 손톱 면 다듬기

파일(150~180그리트)을 사용하여 손톱면을 고르게 파일링한다(❶~❺).

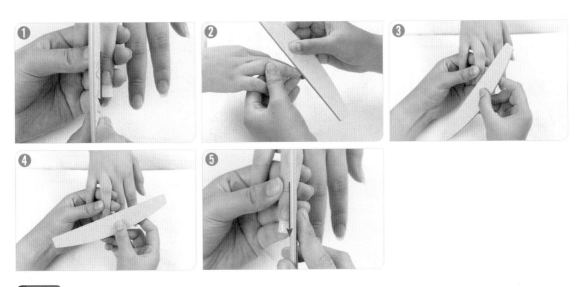

✔ 주의

* 손톱 표면의 중심에 있는 하이 포인트의 주변(좌·우, 상·하)은 자연스러운 능선이 되도록 맑고 투명하게 파일링으로 연결하여야 한다.

12 샌딩 및 털어내기

샌딩블럭으로 손톱면과 측면, 프리에지를 부드럽게 버핑한 후 더스트 브러시로 잔여물을 털어준다(❶~ ❺).

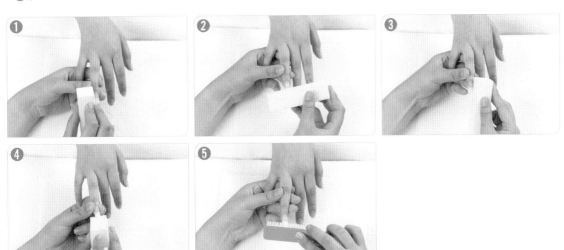

제3과제 / 인조네일

13 실크 재단 및 부착하기

- 미리 잘라 놓은(스퀘어 3~4cm 정도) 실크를 손톱에 붙이기 편하도록 실크의 모서리는 약간 둥글게 자른다. 이는 큐티클의 반월 위 1mm에서 스트레스 포인트, 프리에지로 이어지는 사다리꼴 모양이다 (❶~❸).

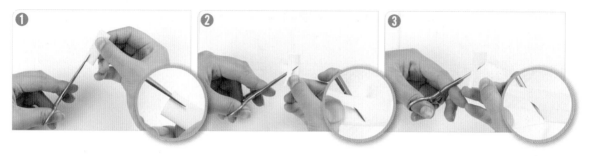

- 손톱의 그루브 양 모서리에 들뜸 현상이 없게 손톱 모양과 잘 어울리도록 부착한다(❹~❽).

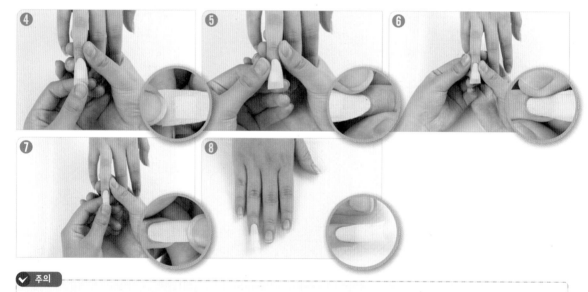

> ✔ **주의**
>
> * 약간 둥글게 재단된 실크의 모서리 부분을 약지 내 큐티클 아래 1mm 정도 남기고 접착한 후, 실크 뒷면의 종이를 떼어내고 그루브 양 모서리를 고정시키면서 실크 전체를 손톱면에 들뜨지 않도록 부착시킨다.

14 글루 바르기

- 약지의 손톱면에 글루가 실크에 충분히 흡수될 수 있도록 2회에 걸쳐 도포하여 손톱 두께를 조형시킨다(❶~❺).
- 실크가 접착이 잘 되도록 우측을 당겨준 후, 좌측과 중앙을 향해 가볍게 아래로 당기고 글루 드라이어를 분사한다(❻~❽).

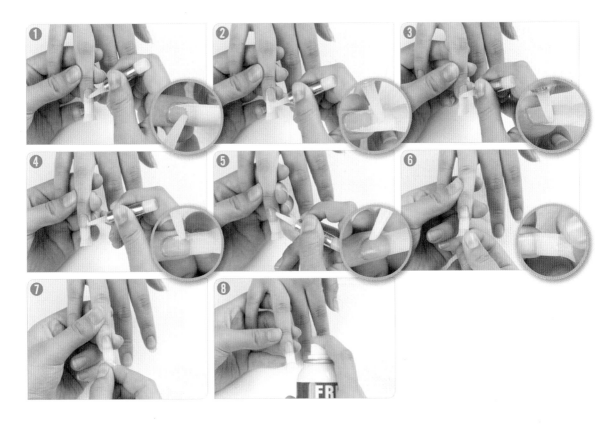

15 인조네일 다듬기 및 랩턱 제거

- 파일(180그리트)을 이용하여 프리에지를 파일링하여 인조네일 길이와 모양을 정리한다(❶~❸).

- 스트레스 포인트와 그루브에 연결된 랩(실크)턱을 제거한다(❹~❻).

• 손톱면과 큐티클 라인의 랩턱을 파일로 정리함으로써 파일링을 완성한다(❼, ❽).

16 샌딩하기

샌딩블럭으로 부드럽게 손톱면과 측면, 프리에지까지 버핑한 후 더스트 브러시로 털어낸다(❶~❻).

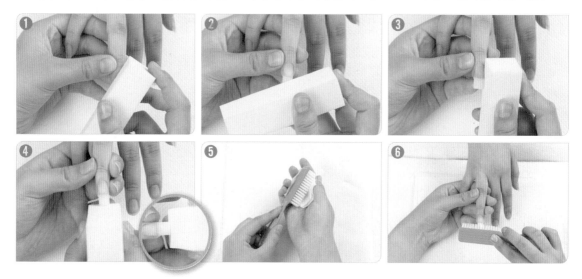

17 글루 바르기 및 글루 드라이하기

• 손톱면 전체에 젤 글루를 얇게 도포하여 요구되는 두께를 형성시키고 단단한 인조네일을 만든다
(❶~❺).

• 글루 드라이를 소량 분사하여 건조를 촉진시킨다(❻).

* 글루 또는 젤 글루(글루 1회, 글루 + 젤 글루)를 선택할 수 있다.

18 샌딩 및 마무리하기

• 마지막 작업으로 샌딩블럭을 사용하여 부드럽게 버핑한 후 더스트 브러시로 먼지 또는 분진을 털어낸다(①~③).

• 큐티클 오일을 큐티클 라인에 도포한다(④~⑥).

• 큐티클은 오렌지우드 스틱으로 밀어 올려 주변에 글루가 넘치거나 붙어있는지 확인한다(⑦~⑨).

제3과제 인조네일

• 2-Way 또는 3-Way를 사용하여 광택을 낸다(⑩~⑮).

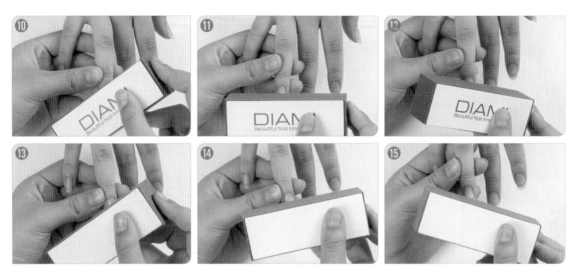

• 멸균거즈를 사용하여 손등과 인조손톱 프리에지 밑까지 분진 및 오일을 깨끗하게 제거한 후 작업대를 정리한다(⑯~⑱).

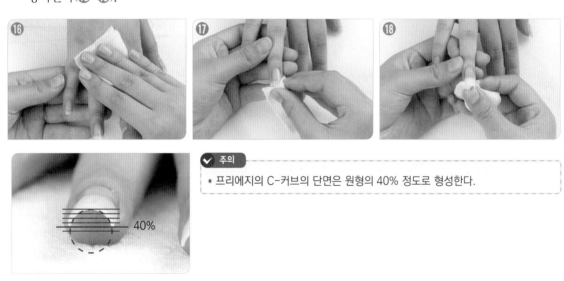

✔ 주의

* 프리에지의 C-커브의 단면은 원형의 40% 정도로 형성한다.

40%

> **내추럴 팁 위드 랩 완성**

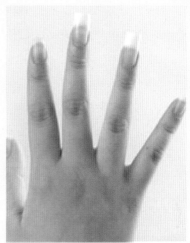

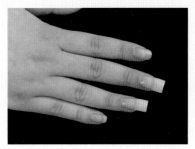

> **정리해보기**

내추럴 팁 위드 랩 절차

손 소독하기(수험자+모델) → 폴리시 제거하기 → 손톱 자르기→ 손톱 모양다듬기 → 샌딩하기 → 더스트 브러시로 분진 제거하기 → 팁 선택 및 부착하기 → 팁 길이 자르기 → 팁턱 제거 → 글루 바르기 및 필러 파우더 뿌리기 → 글루 드라이 분사 후 손톱면 다듬기 → 실크재단 및 부착하기 → 글루 바르기 및 글루 드라이 분사하기 → 인조네일 모양 다듬기 및 랩턱 갈기 → 샌딩하기 → 글루 바르기 및 글루 드라이 분사하기 → 샌딩하기 → 큐티클 밀기 → 광택내기

작업대 정리하기

작업이 완성된 후 사용된 재료와 도구 등을 재료 정리대에 위생적으로 처리하고 작업대 위를 반드시 깔끔하게 정리한다.

모델의 오른손 약지·중지내 자연손톱 프리에지(1mm 이하)를 라운드(또는 오벌) 모양으로 한 젤 원톤 스컬프쳐의 경계선과 C-커브, 그루브(스트레이트에서 젤 인조손톱까지)의 직선라인 등의 완성도를 나타낸다.

요구사항

※ 지참 재료 및 도구를 사용하여 아래의 요구사항에 따라 젤 원톤 스컬프쳐를 완성하시오.

① 과제를 수행하기 위해 수험자의 손 및 모델의 손과 손톱을 소독하시오.
② 1과제 작업 상태의 모델 손톱을 3과제 작업에 적합하도록 전처리하시오.
  • 사전 작업된 오른손 1~5지 손톱의 네일 폴리시를 모두 제거하시오.
  • 모델의 자연손톱은 1mm 이하의 라운드 또는 오벌(oval) 형으로 준비하시오.
③ 폼과 투명젤을 사용하여 오른손 중지, 약지 2개의 손톱에 도면과 같은 젤 원톤 스컬프쳐를 완성하시오.
④ 연장된 프리에지 길이의 중심을 기준으로 0.5~1cm 미만의 길이로 하며, 가로·세로 모두 직선의 스퀘어 모양으로 조형하시오.
⑤ 손톱표면은 중심(하이 포인트)에서 좌우, 상하 사방의 굴곡이 자연스럽게 연결되고, 기포없이 맑고 투명하게 완성하시오.
⑥ 인조손톱은 자연손톱 전체에 조형되어야 하며, 그 경계선을 매끄럽게 연결하되 주변의 피부가 손상되거나 출혈되지 않도록 유의하시오.
⑦ 프리에지 C-커브는 원형의 20~40% 비율로, 두께는 0.5~1mm 이하로 일정하게 조형하시오.
⑧ 측면 사이드 스트레이트 선은 자연손톱에서부터 프리에지까지 연결선이 너무 올라가거나 쳐지지 않도록 하며 직선을 유지하여 만드시오.
⑨ 스퀘어 모양을 유지하여 2개 손톱 모두 일정하게 완성하시오.
⑩ 파일로 인한 거친 표면을 샌딩 버퍼로 매끄럽게 정리하시오.
⑪ 톱 코트 젤로 도포하여 광택을 완성하시오.
⑫ 손과 손톱 주변의 먼지 혹은 사용된 오일을 깨끗이 제거하시오.
  • 핑거 볼, 네일 더스트 브러시, 멸균거즈, 큐티클 오일을 사용하시오.
  • 네일 더스트 브러시는 멸균거즈 등으로 물기를 완전히 제거한 후 사용하시오.

수 험 자 유 의 사 항

① 시작 전 폼을 재단하거나 미리 붙이지 마시오.

② 자연네일 파일링 시, 문지르거나 비비지 말고 한 방향으로 파일링하시오.

③ 모델의 손과 손톱에 지저분한 큐티클 및 거스러미, 먼지나 분진이 없도록 항상 깨끗이 정리하시오.

④ 작업시작부터 끝까지 눈을 보호할 수 있도록 하시오.

⑤ 젤 경화 시간을 준수하여 마무리 시, 미경화된 부분이 남지 않도록 작업하시오.

⑥ 젤 클렌저와 젤 램프 기기 및 구조를 위한 네일 도구(핀칭 봉, 핀칭 텅, 핀셋)는 작업 내용에 맞게 적절히 사용하시오.

⑦ 마무리 작업의 먼지 및 오일 제거 시 핑거 볼, 네일 더스트 브러시, 멸균거즈, 큐티클 오일을 사용하시오.

⑧ 큐티클 니퍼, 큐티클 푸셔, 클리퍼, 네일 더스트 브러시, 오렌지우드 스틱(푸셔용)은 알코올 수용액이 든 소독 용기에 담그어 두어서 사용하시오.

■ 1차 프리퍼레이션

손 소독(❶, ❷) → 폴리시 제거(❸, ❹) → 손톱길이 및 모양다듬기(❺, ❻) → 손톱표면 정리하기(❼) → 거스러미 제거 및 털어내기(❽)

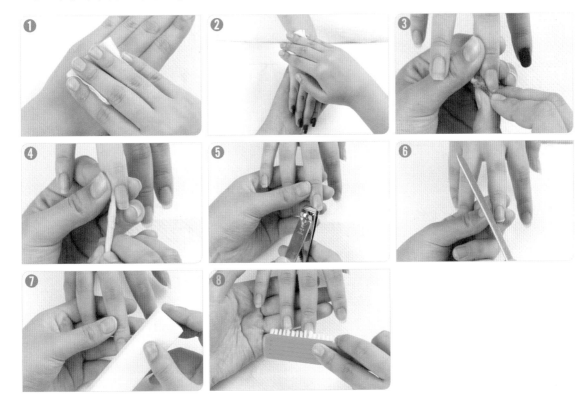

2 폼 끼우기

- 폼지 뒷면의 접착제를 떼어낸 후 폼지 공간을 만들기 위해 안쪽 면을 떼어내고 폼지 앞면을 수험자 양 손의 모지(검지)를 이용하여 손톱 모양처럼 구부려준다(①~③).

- 프리에지 안으로 공간이 생기지 않도록 폼지를 끼우고, 폼지 양끝 부분을 C-커브의 균형이 갖추어지 도록 모지와 인지로 조정한다(④~⑦).

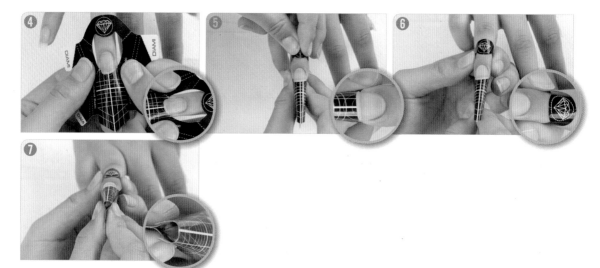

✔ 주의

* 폼지 아래 양쪽 면 끝부분이 벌어지면 좌우 균형이 맞지 않아 C-커브 각도(20~40%)가 나오지 않는다.
* 폼지 양끝 면을 너무 당겨 붙였을 경우, 브러시 자루를 폼 사이에 넣고 모지와 인지로 커브를 조정한다.
* 종이 폼지 재단 및 커브 작업을 제대로 함으로써 C-커브 각도를 유지할 수 있다. 그렇지 않을 경우 핀칭은 젤이 적당히 굳 은 상태에서 한다.

3 베이스 젤 도포 및 큐어링

자연손톱에 밀착력을 높이기 위해 약지의 손톱면 중앙 → 왼쪽 → 오른쪽을 향해 베이스 젤을 도포한 후 젤 램프에 1분 동안 큐어링한다(①~⑥).

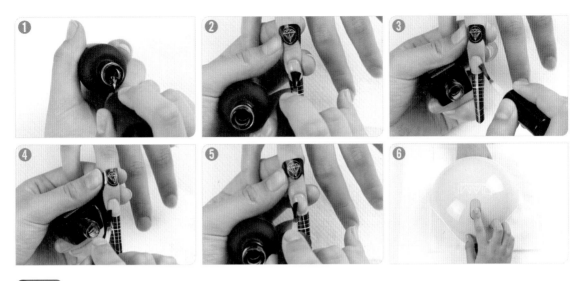

✔ 주의

* 큐어링 도중에 인조손톱을 꺼내어 핀칭을 해줄 수도 있다.

4 클리어 젤 올리기 및 큐어링

(1) 1차 시술(1볼)

- 브러시로 클리어 젤을 떠서 자연손톱과 폼지의 경계(옐로우 라인) 부위에 올리고 폼지에는 클리어 젤을 인조손톱 길이(옐로우 라인 기준 0.5~1cm 정도)로서 연장하고자 하는 만큼 올려서 끌듯이 브러시를 운행한다(❶~❹).
- 젤 램프에 30초간 큐어링한다(❺).

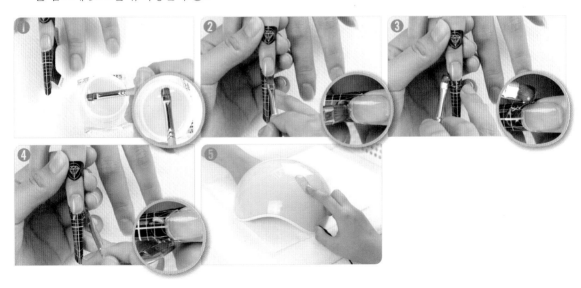

제3과제 인조네일

(2) 2차 시술(2볼)

- 클리어 젤을 브러시로 떠서 프리에지 두께를 0.5~1mm 정도로 조형한다.
- 스트레스 포인트를 중심으로 하이 포인트를 조형한다(❶, ❷).
- 젤 램프에 1분 큐어링한다(❸).

(3) 3차 시술(3볼)

- 클리어 젤을 소량 떠서 공간(1.5mm)을 두고 큐티클 라인에 젤 볼을 얹어 인조손톱면을 만든 후 프리에 지까지 끌면서 쓸어내린 후 1~2분 정도 큐어링한다(❶~❻).

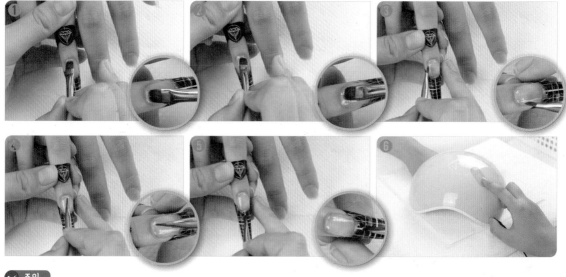

• 폼지 및 젤의 C-커브(20~40%)를 만들기 위해 수험자 양쪽 모지 손가락으로 모델의 약지 내 스트레스 포인트 양쪽면과 프리에지까지 곧은 직선이 되도록 눌러준다(핀칭)(**7**~**9**).

5 폼지 제거하기

젤이 건조된 후에 폼지를 프리에지 아래로 당겨서 떼어낸다(**1**~**3**).

6 미경화 젤 닦기

화장솜에 젤 클렌저를 묻혀 인조손톱면을 닦아낸다(**1**~**3**).

7 파일링하기

프리에지를 파일(150그리트)로 스퀘어 모양을 유지하면서 180그리트 파일로 인조손톱 정면, 측면 등 전체적으로 균형있게 부드럽게 파일링한다(**1**~**15**).

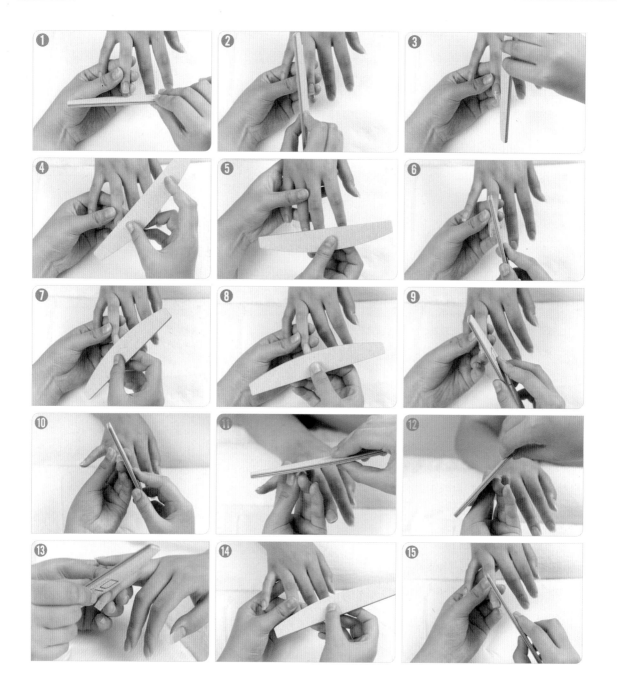

8 손톱면 정리하기

샌딩버퍼를 이용하여 인조손톱면과 프리에지 아랫면이 고르게 표현되도록 버핑한 후 더스트 브러시로
먼지나 분진 등 이물질을 털어낸다(①~③).

9 톱 젤 바르기 및 큐어링

인조손톱 표면에 광택을 내기 위해 얇게 도포한 후, 젤 램프에 1~2분 정도 큐어링한다(①~⑦).

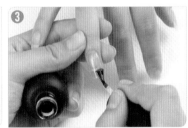

제3과제
인조네일

🔟 미경화 젤 닦기

화장솜에 젤 클렌저를 묻혀 인조손톱면과 손톱 밑까지 깨끗이 닦아낸다(❶~❺).

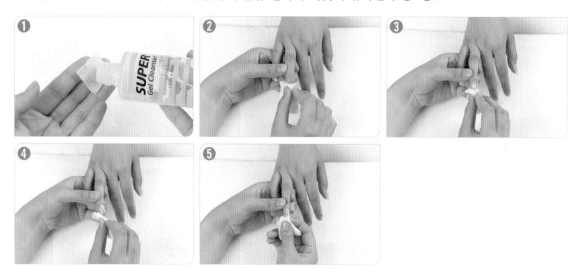

1️⃣1️⃣ 큐티클 오일 바르기 및 큐티클 밀기

네일 큐티클에 오일을 도포하고 오렌지우드 스틱을 이용하여 큐티클을 조심스럽고 가볍게 밀어준다(❶~❻).

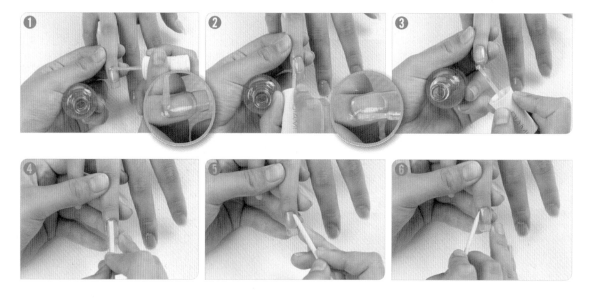

12 손 소독 및 마무리하기

화장솜에 소독제를 분류하여 모델의 손등과 인조네일(젤 원톤 스컬프처)된 손등과 손가락 손톱과 손톱 밑 등을 닦아준 후 작업대를 정리한다(①~⑤).

> 젤 원톤 스컬프처 완성

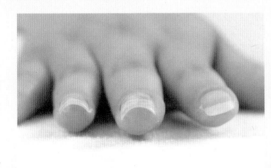

제3과제 인조네일

정리해보기

젤 원톤 스컬프쳐 절차

1차 프리퍼레이션 → 폼 끼우기 → 베이스 젤 도포 및 큐어링 → 클리어 젤 올리기 및 큐어링 → 폼지 제거하기 → 미경화 젤 닦기 → 파일링하기 → 손톱면 정리하기 → 톱 젤 바르기 및 큐어링 → 미경화 젤 닦기 → 큐티클 오일 바르기 및 큐티클 밀기 → 손 소독 및 마무리하기

작업대 정리하기

작업이 완성된 후 사용된 재료와 도구 등을 재료 정리대에 위생적으로 처리하고 작업대 위를 반드시 깔끔하게 정리한다.

제1과제가 작업된 모델의 오른손 약지 · 중지 내 자연손톱 프리에지는 **1mm** 이하의 라운드(또는 오벌)형으로 파일링한다. 그리고 폼지를 접착시킨 후 인조손톱을 스퀘어 모양으로 조형하기 위해 자연손톱에 아크릴 볼을 올려 프렌치(스마일)라인과 하이 포인트를 형성시킨다.

요 구 사 항

※ 지참 재료 및 도구를 사용하여 아래의 요구사항에 따라 아크릴 프렌치 스컬프쳐를 완성하시오.

① 과제를 수행하기 위해 수험자의 손 및 모델의 손과 손톱을 소독하시오.

② 1과제 작업 상태의 모델 손톱을 3과제 작업에 적합하도록 전처리하시오.
   - 사전 작업된 오른손 1~5지 손톱의 네일 폴리시를 모두 제거하시오.
   - 모델의 자연손톱은 1mm 이하의 라운드 또는 오벌(oval) 형으로 준비하시오.

③ 화이트 폴리머, 핑크 또는 클리어 폴리머, 모노머와 폼을 사용하여 오른손 중지, 약지 2개의 손톱에 도면과 같은 프렌치 스컬프쳐를 완성하시오.

④ 스마일 라인은 선명하게 표현되어야 하고, 모양은 좌우대칭이 되도록 조형하시오.

⑤ 제품 사용 시, 기포가 생기거나 얼룩지지 않도록 주의하시오.

⑥ 연장된 프리에지 길이는 조체 중심을 기준으로 0.5~1cm 미만의 길이로 하며, 가로·세로 모두 직선의 스퀘어 모양으로 조형하시오.

⑦ 손톱 표면은 중심(하이 포인트)에서 좌우, 상하 사방의 굴곡이 자연스럽게 연결되고, 기포없이 맑고 투명하게 완성하시오.

⑧ 인조손톱은 자연손톱 전체에 조형되어야 하며, 그 경계선을 매끄럽게 연결하되 주변의 피부가 손상되거나 출혈되지 않도록 유의하시오.

⑨ 프리에지 C-커브는 원형의 20~40% 비율로, 두께는 0.5~1mm 이하로 일정하게 조형하시오.

⑩ 측면 사이드 스트레이트 선은 자연손톱에서부터 프리에지까지 연결선이 너무 올라가거나 쳐지지 않도록 하며 직선을 유지하여 만드시오.

⑪ 스퀘어 모양을 유지하여 2개 손톱 모두 일정하게 완성하시오.

⑫ 파일로 인한 거친 표면을 샌딩 버퍼로 매끄럽게 정리하시오.

⑬ 광택용 파일을 사용하여 광택을 마무리하시오.

⑭ 손과 손톱 주변의 먼지 혹은 사용된 오일을 깨끗이 제거하시오.
   - 핑거 볼, 네일 더스트 브러시, 멸균거즈, 큐티클 오일 등을 사용하시오.
   - 네일 더스트 브러시는 멸균거즈 등으로 물기를 완전히 제거한 후 사용하시오.

1 1차 프리퍼레이션

손 소독(❶, ❷) → 폴리시 제거(❸, ❹) → 손톱길이 및 모양다듬기(❺, ❻) → 손톱표면 정리하기(❼) →
거스러미 제거 및 털어내기(❽)

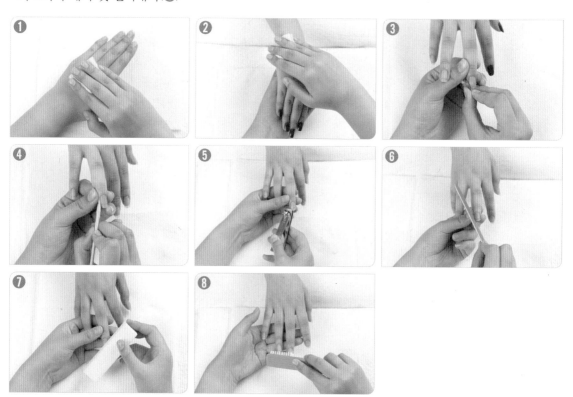

2 폼 끼우기

- 폼지 뒷면의 접착제를 떼어낸 후 폼지 공간을 만들기 위해 안쪽 면을 떼어내고 폼지 앞면을 수험자 양 손의 검지를 이용하여 손톱모양처럼 구부려준다(❶~❸).

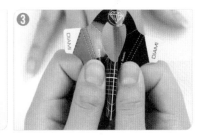

- 프리에지 안(옐로우 라인)으로 공간이 생기지 않도록 하여 폼지를 끼운다(❹).
- 폼지의 경계가 되는 스트레스 포인트와 옐로우 라인에서부터 프리에지까지 연결되는 직선거리와 프 리에지 단면이 C-커브(20~40%)가 되도록 틀을 잡기 위해 모지와 인지로 폼지 끝을 맞물리게 연결하여 준다(❺~❼).

3 프리 프라이머 및 프라이머 바르기

자연손톱에 유·수분을 제거해 주기 위해 프리 프라이머를 바른다(❶). 프라이머는 건조 시 강한 접착제 와 pH 균형제 역할을 하여 아크릴 시스템에 반드시 사용된다(❷).

제3과제 인조네일

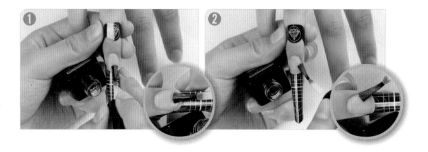

4 아크릴 볼 올리기

(1) 1차 화이트 아크릴 파우더]

- 디펜디쉬에 아크릴 브러시를 이용하여 아크릴 리퀴드를 부어놓고 브러시 끝을 담근 후에 브러시 끝을 이용하여 아크릴 파우더를 찍어 아크릴 볼을 만든다(❶~❸).

- 브러시 끝에 얹어진 아크릴 볼을 옐로우 라인 부분에 올려서 브러시의 백과 벨리 부분을 이용하여 볼을 지그시 눌러 전체적으로 프리에지 두께와 면과 길이를 잡아준다(❹~❾).

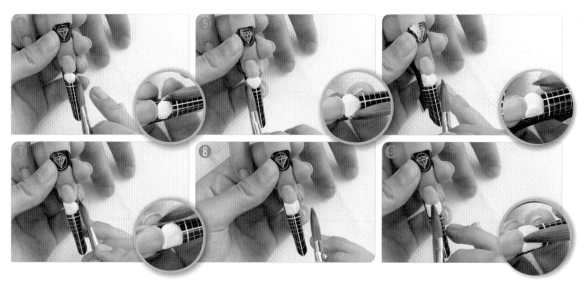

- 아크릴 볼은 프리에지를 조성할 때 리퀴드에 살짝 담근 브러시의 끝을 모아 프렌치(스마일) 라인을 양 끝에 대칭이 되도록 만들어 준다(⑩~⑭).
- 프렌치와 프리에지 단면 모양을 잡을 시, 아크릴 브러시에 묻은 리퀴드와 파우더 등을 수시로 페이퍼 타월에 닦아 사용한다(⑮).

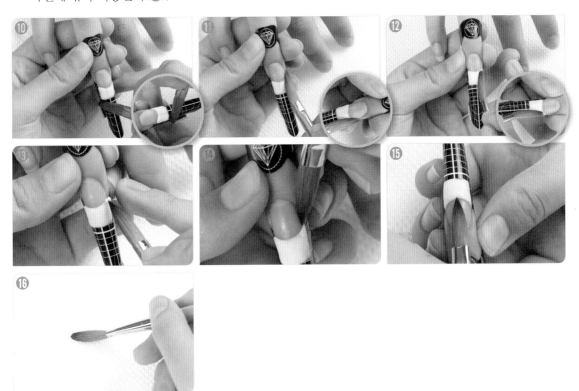

(2) 2차 아크릴 클리어 파우더

아크릴 볼을 만들기 위해 브러시 끝에 클리어 파우더를 찍어 스마일 라인과 자연손톱의 경계면에 올려 놓고 브러시 옆면을 사용하여 스마일 라인 오른쪽과 왼쪽 면을 또닥또닥 다지면서 하이 포인트를 만든 다(❶~❷).

* 아크릴 클리어 파우더를 올릴 때 인조손톱(자연손톱+아크릴 프리에지) 길이 전체의 ⅔ 지점(프리에지에서 루룰라를 향해)에 하이 포인트를 만들어준다.

(3) 3차 아크릴 클리어 파우더

2차 볼에서와 마찬가지로 브러시 끝에 두 번째보다 작고 묽게 만든 아크릴 볼을 루룰라(반월) 위에 올린 후 브러시를 세워서 큐티클에 묻지 않도록 라인을 따라 얇게 또닥또닥 펴서(두께 0.5~1mm 정도가 되도록 조형함) 하이 포인트 부분과 연결되도록 쓸어준다(❶~❸).

* 브러시를 사용하여 쓸어내릴 때는 브러시 면을 이용하여 두 번째 아크릴(또는 세 번째 아크릴)에 경계가 생기지 않도록 자연스럽게 연결한다.
* 아크릴 볼을 올린 후 브러시는 페이퍼 타월에 닦아서 사용한다.
* 사용이 끝난 브러시는 페이퍼 타월로 깨끗이 닦고 페이퍼 타월은 위생봉투에 버린다.

5 핀치주기

C-커브는 아크릴이 완전히 건조되기 전 수험자의 양쪽 손(모지)으로 모델의 스트레스 포인트 부분을 지그시 눌러준다(❶~❸).

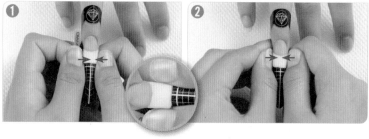 

6 폼지 제거하기

아크릴 볼이 건조되면 먼저 프리에지 부분의 폼을 아래로 눌러 떨어뜨린 후 윗부분의 폼지 중앙을 아래쪽으로 떼어 제거한다(❶~❸).

> **✔ 주의**
> * 파일링 전에 아크릴이 완전히 건조되었는지 확인해야 한다.
> * 브러시 자루를 이용하여 인조손톱면(프리에지 끝 부분 가까이)에다가 대고 두들겼을 때 맑은 소리(통통 튀는)가 난다. 둔탁한 소리가 나면 건조가 덜 된 상태이다.

7 프렌치 모양다듬기

아크릴 볼이 잘 건조되었는지 확인 후, 원하는 인조네일 모양을 만들기 위해 프리에지 양쪽 측면을 ∩자 모양으로 가볍게 파일링한다(❶~❸).

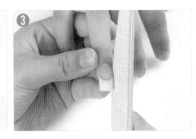

> **✔ 주의**
> * 150그리트 파일은 프리에지 단면을 스퀘어 모양으로 만들기 위해, 180그리트 파일로는 인조손톱면의 균형을 맞추기 위해 파일링한다.
> * 프렌치 스컬프쳐에 따른 프리에지 단면은 스퀘어로 조형이 되었는지 반드시 확인한다.

8 표면 샌딩하기

손톱 면의 표면과 측면을 부드럽게 버핑 후 더스트 브러시를 이용하여 먼지를 제거한다(❶~❸).

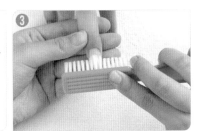

9 큐티클 밀기

큐티클에 오일을 바른 후 묻은 아크릴 볼 등을 제거하기 위해 오렌지우드 스틱으로 밀어준다(❶~❸).

10 광택 및 마무리

- 2-Way(또는 3-Way)인 광파일을 이용하여 인조손톱 면에 밀착시켜 양방향으로 문질러서 광을 낸다(❶~ ❸).

- 멸균거즈를 사용하여 아크릴 스컬프쳐된 오른손의 중지 · 약지 내 안면과 뒷면 주변 등의 이물질을 깨 끗이 닦아낸다(❹~❾).

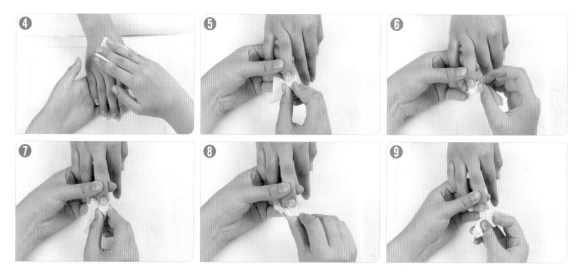

❯ 아크릴 프렌치 스컬프쳐 완성

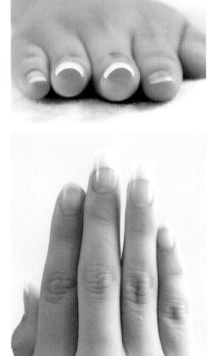

❯ 정리해보기

아크릴 프렌치 스컬프쳐 절차

1차 프리퍼레이션 → 폼 끼우기 → 프리 프라이머 및 프라이머 바르기 → 아크릴 볼 올리기 → 핀치주기 → 폼지 제거하기 → 프렌치 모양다듬기 → 표면 샌딩하기 → 큐티클 밀기 → 광택 및 마무리

작업대 정리하기

작업이 완성된 후 사용된 재료와 도구 등을 재료 정리대에 위생적으로 처리하고 작업대 위를 반드시 깔끔하게 정리한다.

Chapter 04

네일 랩 익스텐션

모델의 오른손에 풀 코트 컬러링(레드)된 1과제 상태에서 실크 익스텐션 작업이 제3과제로 시작된다. 과제가 시작되면 조체에 컬러링된 색조를 지운다. 그리고 약지와 중지의 자연손톱을 프리에지 1mm 이하의 라운드(또는 오벌) 모양으로 조형하여 1차 프리퍼레이션을 작업한 후 실크를 사용하여 스퀘어 모양으로 C-커브(익스텐션)가 되도록 조형한다.

요 구 사 항

※ **지참 재료 및 도구를 사용하여 아래의 요구사항에 따라 네일 랩 익스텐션을 완성하시오.**

① 과제를 수행하기 위해 수험자의 손 및 모델의 손과 손톱을 소독하시오.

② 1과제 작업 상태의 모델 손톱을 3과제 작업에 적합하도록 전처리하시오.
  - 사전 작업된 오른손 1~5지 손톱의 네일 폴리시를 모두 제거하시오.
  - 모델의 자연손톱은 1mm 이하의 라운드 또는 오벌(oval) 형으로 준비하시오.

③ 실크 랩, 네일 글루, 젤 글루, 필러 파우더를 사용하여 오른손 중지, 약지 2개의 손톱에 도면과 같은 네일 랩 연장을 완성하시오.

④ 연장된 프리에지의 길이는 0.5~1cm 미만으로 모두 일정하게 맞추어 잘라내고, 가로·세로 모두 직선의 스퀘어 모양으로 조형하시오.

⑤ 글루(네일 글루, 젤 글루 등)는 수험자가 작업 상황에 맞도록 적절히 사용하되, 피부에 닿거나 흐르지 않도록 유의하시오.

⑥ 실크는 손톱 범위에 따라 큐티클 부분을 1mm 정도 알맞게 남기고 재단 및 부착하여 사용하시오.

⑦ 필러 파우더는 수험자가 작업 상황에 맞도록 적절히 사용하시오.

⑧ 손톱 표면은 중심(하이 포인트)에서 좌우, 상하 사방의 굴곡이 자연스럽게 연결되고, 기포 없이 맑고 투명하게 완성하시오.

⑨ 인조손톱은 자연손톱 전체에 조형되어야 하며 그 경계선을 매끄럽게 연결하되, 주변의 피부가 손상되거나 출혈되지 않도록 유의하시오.

⑩ 프리에지 C-커브는 원형의 20~40% 비율로, 두께는 0.5~1mm 이하로 일정하게 조형하시오.

⑪ 측면 사이드 스트레이트 선은 자연손톱에서부터 프리에지까지 연결선이 너무 올라가거나 쳐지지 않도록 하며 직선을 유지하여 만드시오.

⑫ 스퀘어 모양을 유지하여 2개 손톱 모두 일정하게 완성하시오.

⑬ 파일로 인한 거친 표면을 샌딩 버퍼로 매끄럽게 정리하시오.

⑭ 광택용 파일을 사용하여 광택을 마무리하시오.

⑮ 손과 손톱 주변의 먼지 혹은 사용된 오일을 깨끗이 제거하시오.
  - 핑거 볼, 네일 더스트 브러시, 멸균거즈, 큐티클 오일을 사용하시오.
  - 네일 더스트 브러시는 멸균거즈 등으로 물기를 완전히 제거한 후 사용하시오.

수 험 자 유 의 사 항

① 시작 전 실크 랩을 재단하거나 미리 붙이지 마시오.
② 자연네일 파일링 시, 문지르거나 비비지 말고 한쪽 방향으로 파일링하시오.
③ 모델의 손과 손톱에 지저분한 큐티클 및 거스러미, 먼지나 분진 등이 없도록 항상 깨끗이 정리하시오.
④ 작업시작부터 끝까지 눈을 보호할 수 있도록 하시오.
⑤ 구조를 위한 네일 도구(핀칭 봉, 핀칭 텅, 핀셋)는 작업내용에 맞게 적절히 사용하시오.
⑥ 마무리 작업의 먼지 및 오일 제거 시 핑거 볼, 네일 더스트 브러시, 멸균거즈, 큐티클 오일을 사용하시오.
⑦ 큐티클 니퍼, 큐티클 푸셔, 클리퍼, 네일 더스트 브러시, 오렌지우드 스틱(푸셔용)은 알코올 수용액이 든 소독 용기에 담가 두시오.

1 1차 프리퍼레이션

손 소독(①, ②) → 폴리시 제거(③, ④) → 손톱길이 및 모양다듬기(⑤, ⑥) → 손톱표면 정리하기(⑦) → 거스러미 제거 및 털어내기(⑧)

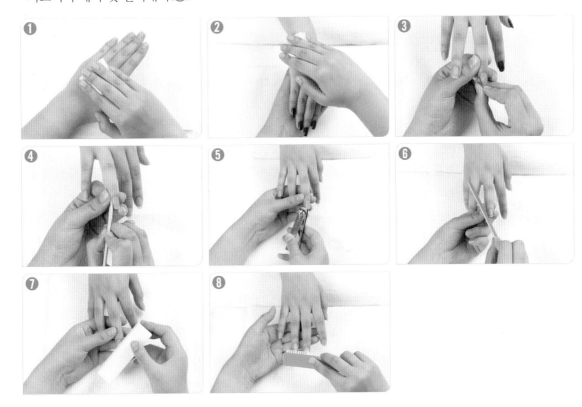

제3과제 인조네일

2 실크 재단 및 부착하기

모델의 오른손 약지 · 중지의 자연손톱 프리에지는 1mm 이하의 라운드(또는 오벌) 모양으로 파일링한 후 실크를 손톱면에 붙여 자연손톱 프리에지보다 1cm 이상 스퀘어 모양으로 잘라 C-커브가 되도록 조형한다.

- 미리 잘라 놓은(세로 2~3cm 정도) 실크를 손톱에 붙이기 편하도록 실크의 모서리를 손톱의 큐티클 라인에 맞게 약간 둥글게 사다리꼴로 자른다(❶~❺).
- 자른 실크를 손톱의 그루브와 큐티클 라인 모서리 부분에 잘 맞추어 부착한다. 랩이 늘어나면 모양이 변형되기 때문에 당기지 말고, 큐티클 라인 아래 1~1.5mm 정도를 남기고 자연손톱면에 들뜨지 않게 접착시킨다(❻~❾).

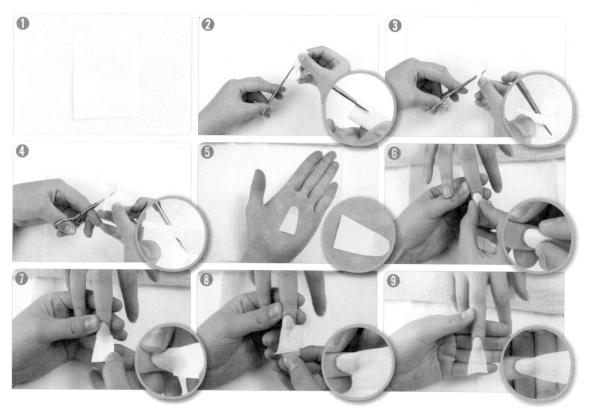

3 실크 접착(글루)하기

- 약간 둥글게 재단된 실크 뒷면의 종이를 뗀 후 자연손톱 면에 실크로 연장할 부분만큼 글루를 도포하고 C-커브를 만들어준다(❶~❻).

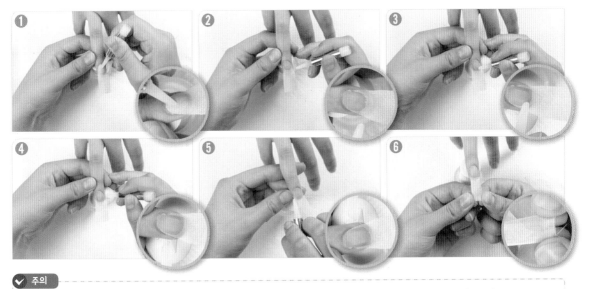

- 인조손톱면에서 글루를 실크 쪽으로 1차 도포 후, 실크에 텐션을 가한 상태에서 10~15초 정도 유지하여 C-커브가 20~40%가 될 수 있도록 핀칭한다(❼~❾).

4 글루 및 필러 파우더 뿌리기

인조네일(실크 익스텐션)의 손톱 전체에 글루가 충분히 흡수되도록 도포한 후 오른쪽의 프리에지에서 스트레스 포인트를 향해 필러 파우더를 뿌리고(45°로) 파우더를 오른손의 모지와 중지, 약지, 소지로 잡고, 인지는 파우더 용기의 뒷면을 톡톡 두드린다.

- 손톱 정중면(하이 포인트 아래지점)에서 프리에지까지 거슬러 내려오면서 필러 파우더를 뿌린 후, 왼쪽 프리에지에서 스트레스 포인트까지도 필러 파우더를 뿌린다(❶~❻).

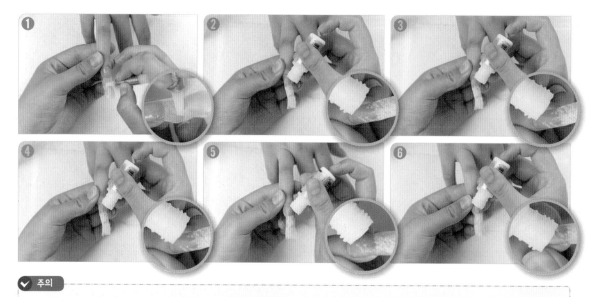

> ✔ 주의
>
> * 스트레스 포인트에서 익스텐션이 시작되는 관계로서 글루와 필러 파우더 두께를 인위적으로 조형해야 한다. 이유는 스트레스 포인트에서 프리에지까지 덧댐으로써 수평을 유지해야 하는 이음새 역할을 하기 때문이다.
> * 필러 파우더를 가볍게, 얇게 뿌렸을 때에는 실크 익스텐션의 모양에 따른 교정이 가능하지만, 두껍게 뿌렸을 때는 실크에 붙어 있는 필러 파우더와 글루가 부서질 수도 있기 때문에 교정이 어렵다. 필러 파우더는 여러 번 얇게 뿌리는 것이 좋다.

• 인조손톱 주변에 묻은 필러 파우더를 오렌지우드 스틱으로 털어 내듯이 긁어낸다(**7**, **8**).

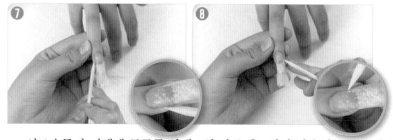

• 인조손톱면 전체에 글루를 얇게 1회 바른 후, 필러 파우더를 손톱면 전체(1회~2회 정도 반복)에 뿌려준다(**9**~**15**).

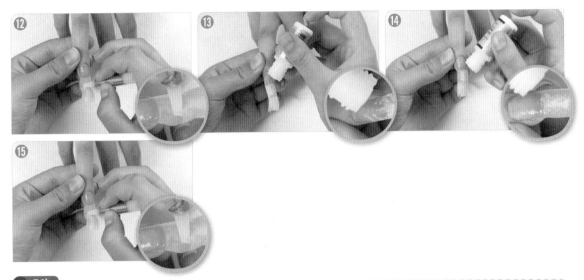

✔ 주의

* 글루+필러 파우더(1회), 글루+필러 파우더(2회) 정도로 도포함으로써 하이 포인트를 만들고, 프리에지 부분의 두께를 일정하게 할 수 있다.

- 글루가 과량 도포되었을 경우 페이퍼 타월을 이용하여 흡수시켜서 글루양을 조절한다(⑯, ⑰).
- 글루 드라이어를 분사한다(⑱).

5 핀칭하기

- 모델 손톱의 스트레스 포인트 부분을 수험자의 양쪽 엄지로 살짝 눌러주어 C-커브를 만들어준다 (❶~❸).
- 네일 클리퍼를 사용하여 인조손톱의 프리에지를 0.5~1cm 정도의 길이를 남겨두고 잘라준 후 원형커브(20~40%)가 형성되도록 인위적으로 핀칭한다(❹~⓫).

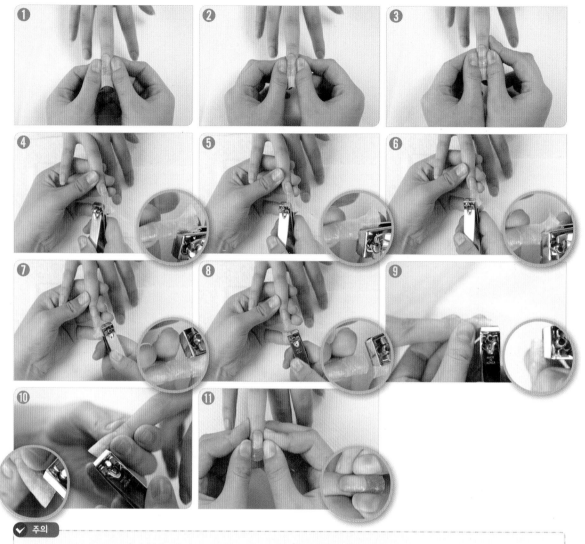

* 클리퍼로 실크를 자를 시, 양쪽 끝 부분부터 먼저 자른 자국을 남긴 후 바깥쪽에서 잘라줌으로써 C-커브를 유지시킨다.
* 인조손톱 길이(실크)는 약간의 여유 있게 1~1.2cm를 갖고 자름으로써 파일링 과정에서 길이 조정을 여유롭게 할 수 있다.

6 손톱 모양만들기

• 프리에지 단면은 스퀘어 모양이 되도록 인조손톱 길이와 사이드, 손톱면 등을 파일링한다(❶~❸).

• 인조네일의 표면을 매끄럽게 해주기 위해 그루브(양쪽 사이드) 부분, 손톱판 모양이 둥글게 겹쳐지도록 ∩자로 파일링한 후 인조손톱의 두께가 일정하도록 파일링한다(❶~❸).

✔ 주의

* 첫째, ∩자 파일링을 인조손톱 전체에 한다.
* 둘째, 가로로 파일링한다.
* 셋째, 스트레스 포인트에서 세로(양방향으로)로 파일링한다.
* 넷째, 인조손톱 면의 두께를 일정하게 하기 위해 만져보고 매끄럽지 않을 경우 부드럽게 다시 한 번 ∩자 파일링한다.

7 표면 정리 및 이물질 제거

• 샌딩블럭을 사용하여 인조네일 표면을 매끄럽게 파일링한다(❶~❺).
• 더스트 브러시를 이용하여 손톱표면과 연장된 프리에지 안쪽 부분에도 먼지를 털어낸다(❻).

8 **젤 글루 또는 글루 바르기**

- 큐티클 라인을 제외한 실크 익스텐션된 손톱 전체에 글루를 바르고, 연장된 프리에지(랩)의 뒷부분에도 글루를 얇게 도포함으로써 투명도를 유지한다(❶~❸).

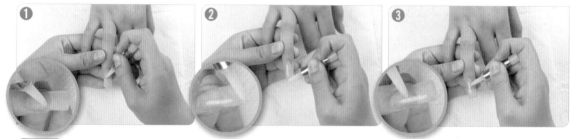

✓ 주의

* 글루 입구(하이 포인트에 글루를 대고 큐티클 라인을 향해 골고루 도포)를 인조네일면에 직접 접촉시켜 원으로 돌리면서 또는 직선으로 바르면서 왼쪽에서 오른쪽으로 향해 운행해야 한다. 이는 글루를 도포시키는 오른손의 압을 일정하게 함으로써 글루가 얇고 골고루 도포되기 때문이다.
* 글루 드라이어는 글루 또는 젤 글루를 굳게 하는 성질이 있기 때문에 젤 글루 도포 후 분사하는 것이 좋으며, 젤 글루 전에 글루 드라이어를 분사하면 젤 글루를 도포하였을 경우 기포가 생기거나 투명도가 떨어지기도 한다.

- 인조네일의 프리에지 뒷면도 글루를 고르고 얇게 도포한다(❹~❻).

✓ 주의

* 글루 도포 전에 프리에지 뒷면은 이물질이 없어야 하는데 이는 글루 도포 시, 매끄러움과 투명도를 갖기 위함이다.

- 젤 글루를 이용하여 인조네일 면에 얇게 여러 번 풀 코트로 도포한다(❼~⓫).

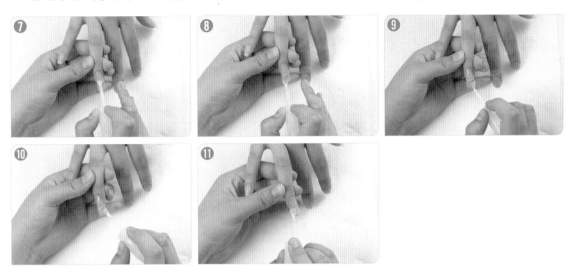

9 글루 드라이어 분사 및 버핑하기

글루보다 젤 글루 도포 시, 글루 드라이어를 보다 많이 분사하고 샌딩블럭을 사용하여 표면의 광택을 제거하며 샌딩블럭 사용 후에는 먼지 또는 잔해를 더스트 브러시를 사용하여 제거한다(❶~❻).

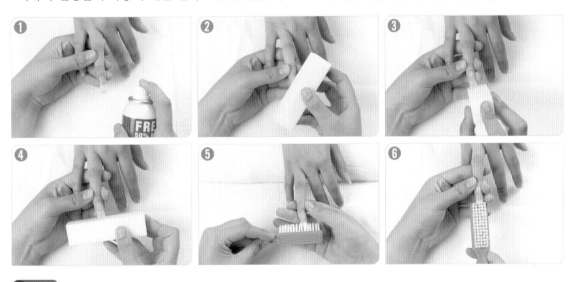

> **✔ 주의**
>
> * 샌딩블럭 사용 시, 손톱면 전체를 약간 강한 느낌으로 고르게 버핑한다. 특히 스트레스 포인트에서 프리에지 부분은 위에서 아래로 쓸듯이 자연스럽게 버핑한다.

10 큐티클 오일 바르기

큐티클 라인 전체와 연장된 뒷부분에 오일을 바르고 오렌지우드 스틱으로 큐티클을 조심스럽게 밀어 올려준다(❶~❸).

11 광택 및 마무리

2-Way (또는 3-Way) 파일로 손톱표면에 사진과 같이 광택을 내기 위해 문지른다(❶~❻).

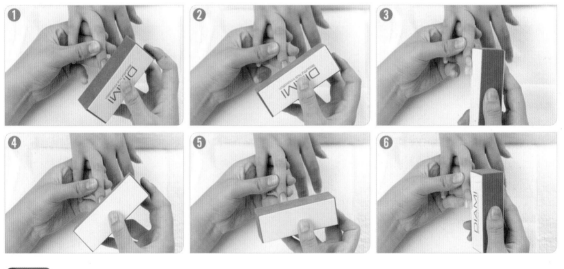

✔ 주의

* 2-Way 파일 사용 시, 인조손톱 면에 밀착시켜 양방향으로 문지르며 광택을 낸다.

12 멸균거즈 사용

네일 랩 익스텐션이 작업된 오른손의 손등과 인조네일 안면과 뒷면, 주변 등의 이물질을 멸균거즈를 사용하여 깨끗이 닦아낸 후 작업대를 깨끗이 정리한다(❶~❻).

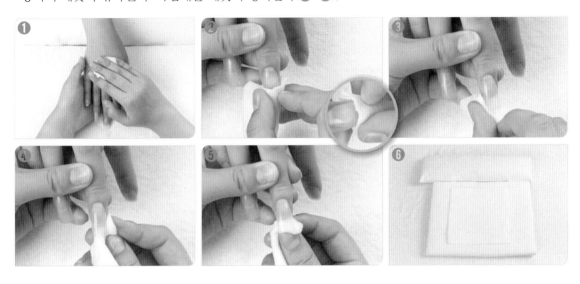

❯ 완성된 네일 랩 익스텐션

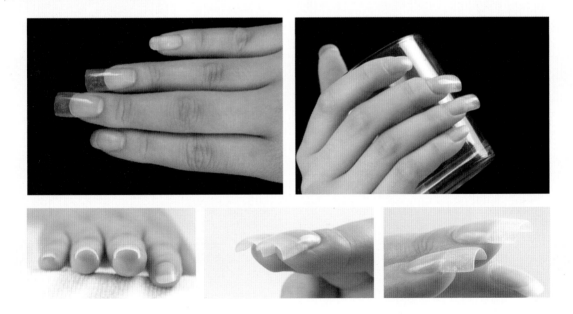

> **정리해보기**

네일 랩 익스텐션 절차

실크 재단 및 부착하기 → 실크 접착(글루)하기 → 글루 및 필러 파우더 뿌리기 → 핀칭하기 → 손톱 모양만들기 → 표면정리 및 이물질 제거 → 젤 글루 또는 글루 바르기 → 글루 드라이어 분사 및 버핑하기 → 큐티클 오일 바르기 → 광택 및 마무리하기

작업대 정리하기

작업이 완성된 후 사용된 재료와 도구 등을 재료 정리대에 위생적으로 처리하고, 작업대 위를 반드시 깔끔하게 정리한다.

MEMO

제 **4** 과제

인조네일 제거

미용사 네일 실기시험에 미치다

인조네일 제거 세부과제

Chapter 01 인조네일 제거

인조네일 제거 세부과제

작업목표

세부항목	작업목표
인조손톱 제거하기	1. 시술자 손을 소독한 후 고객의 손톱 주변을 소독할 수 있다. 2. 시술되거나 손상된 손톱을 잘라낼 수 있다. 3. 퓨어 아세톤 또는 전용 리무버를 사용하여 호일로 감싼 후 제거(쓱오프)할 수 있다.

과제 개요

개요	손톱모양	세부과제	네일부위	배점	작업시간
인조네일 제거	라운드 (또는 오벌)형	제3과제(오른손 약지 · 중지) 인조네일 과제 중에서 인조네일 제거	오른손 3지(중지)	10점	15분

사전재료준비

1 제4과제 준비하기

(1) 검정과제 준비하기

① 먼저 작업대(네일 테이블)에 소독제를 묻힌 화장솜으로 닦는다.

② 소독된 작업대 위로 타월과 키친타월, 손목 받침대를 세팅한 후 재료 정리대를 작업대 위에 올린다.

③ 작업대 내에 멸균거즈를 깔고 소독용기를 올린 후 알코올 수용액(알코올 70% + 물 30%) 소독제를 만들어서 용기의 ⅔ 정도로 채운다.

④ 과제 작업 시 사용되는 니퍼, 푸셔, 더스트 브러시, 클리퍼, 오렌지우드 스틱 등이 충분히 잠길 수 있도록 하여 알코올 소독제가 든 소독용기 내로 담가 둔다.

(2) 인조네일 제거 재료정리대 준비하기

정리대에 과제작업에 요구되는 재료와 도구가 모두 세팅되었는지 확인한다.

소모품	재료	도구
타월, 페이퍼 타월, 소독용기, 오렌지우드 스틱, 솜통(화장솜, 멸균거즈), 지혈제, 호일, 손소독제(안티셉틱)	큐티클 오일, 쏙 오프 전용 리무버, 클리퍼	우드파일, 샌딩버퍼, 인조네일용 파일, 푸셔, 더스트 브러시

(3) 준비물 및 재료도구

① 소독용기 세팅
  • 멸균거즈를 정리대 바닥에 깔아두고 유리용기인 소독용기를 올린다.
  • 알코올 수용액(70%)을 유리용기 내에 ⅔ 정도로 채운다.
  • 알코올이 들어있는 유리용기에 니퍼, 푸셔, 클리퍼, 오렌지우드 스틱, 더스트 브러시 등을 담가 둔다.

② 제품 세팅
  • 제품을 다른 용기에 덜어오는 것은 허용되지 않는다.
  • 검정과제 작업 시에 요구되는 제품을 준비한다(사용하던 제품도 가능함).
  • 단, 폴리시 리무버는 용기에 담겨진 형태로 덜어서 지참해도 된다.

③ 핑거 볼, 보온병, 분무기 등은 정리대 밖에 수험자가 동선을 생각해서 세팅할 수 있다.

④ 큐티클 연화작업에 사용되는 핑거 볼은 과제 작업 직전에 보온병의 미지근한 물을 부어서 사용한다.

⑤ 솜통, 멸균거즈, 화장솜, 스펀지, 페이퍼 타월 등은 뚜껑이 있는 용기 보관한다.

⑥ 과제작업에 필요한 도구와 재료 등을 수험자의 작업 순서에 용이하게 작업대(네일 테이블)에 정리 정돈하여 세팅한다.

② 작업대(네일 테이블) 세팅

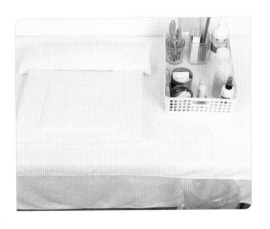

(1) 작업대(네일 테이블)

타월을 깔고 타월 위에 페이퍼 타월을 얹어 준비한다.

* 페이퍼 타월은 도구 소독이나 재료의 세팅, 브러시 등의 잔여물을 닦는 용도로 사용된다.

(2) 손목 받침대

40×80cm 정도의 쿠션 받침대로서 모델의 손목과 팔을 작업하기에 용이하게 하므로 모델 앞에 놓는다.

* 손목 받침대 대체물로 타월을 말아서 사용할 수 있다.

(3) 재료 정리대

과제 작업에 요구되는 도구와 재료가 세팅된 재료 정리대는 작업대(수험자의 관점에서) 오른편에 세팅한다.

(4) 위생봉투

작업대(수험자의 관점에서) 오른편에 스카치테이프를 사용하여 위생봉투를 붙여놓는다.

요구사항 및 감점요인

■1 요구사항

① 작업과제에 요구되는 준비물이 잘 구비되어야 한다.

② 작업대(네일 테이블)는 인조네일 제거에 필요한 제품과 도구가 정리 정돈(세팅)되어야 한다.

③ 소독용기에는 위생이 요구되는 필요도구가 알코올 수용액(70%)에 담그어져 있어야 한다.

④ 수험자와 모델의 손은 규정에 맞게 소독하여야 한다.

⑤ 작업순서(절차)는 정확하고 숙련되게 작업하여야 한다.

⑥ 작업과정과 절차에 따라 파일을 선택해야 하며, 파일링 시 양쪽 방향으로 비비거나 문지르지 않아야 한다.

⑦ 손톱 내 스트레스 포인트 간 좌우 대칭과 함께 손톱 모양은 라운드 또는 오벌형이어야 한다.

⑧ 쏙 오프 작업 전에는 손톱(3지) 주변의 보습을 위해 큐티클 오일을 도포해야 한다.

⑨ 인조손톱 제거 시 자연손톱과 주변에 상처가 없어야 한다.

⑩ 중지의 손톱면에 아세톤을 적신 솜을 얹고 호일은 정확하게 손가락을 감싸야 한다.

⑪ 인조네일 제거 시 거스러미, 분진, 먼지, 불필요한 오일 등을 제한시간 내에 완전히 제거해야 한다.

⑫ 과제 작업 종료 후, 작업대 주변과 재료 및 도구를 위생적으로 정리 정돈되어야 한다.

2 감점요인

① 요구되는 준비물(재료 · 도구 · 소모품 등)이 모두 세팅되어 있지 않을 때

② 작업대(네일 테이블) 위에 얹어 둔 도구나 재료가 바닥에 떨어져있을 때

③ 소독제가 도포된 화장솜 또는 멸균거즈를 한 장만 가지고 양 손 모두를 소독할 때

④ 사용된 화장솜과 멸균거즈를 작업대 위에 방치해 놓았을 때

⑤ 파일링 시 자연손톱과 그 주변에 스크래치 또는 상처를 낼 때

⑥ 쏙 오프 작업 전에 보습제인 큐티클 오일을 손톱 주변에 바르지 않았을 때

 채점기준

준비 및 위생상태	시술절차(순서)	조화 및 숙련도	총계
2	3	5	10

* 작업 시 출혈(-2점 감점) / 작업 도중 재료 및 도구를 꺼내는 경우(-1점 감점)

한눈에 보는 인조네일 제거 시술과정

인조네일 제거

내추럴 팁 위드 랩

젤 원톤 스컬프쳐

아크릴 프렌치 스컬프쳐

네일 랩 익스텐션

❶ 소독하기

❷ 인조손톱 자르기

❸ 인조손톱 파일링

❹ 큐티클 오일 바르기

❺ 아세톤 올리고 호일 감싸기

❻ 인조네일 제거하기

❼ 손톱모양 만들기 및 샌딩하기

❽ 오일 바르기 및 마무리

MEMO

인조네일 제거

요구사항

※ 지참 재료 및 도구를 사용하여 아래의 요구사항에 따라 인조네일을 제거하시오.
① 과제를 수행하기 위해 수험자의 손 및 모델의 손과 손톱을 소독하시오.
② 전 과제에 조형된 인조손톱 중에서 중지의 손톱을 제거하시오.
③ 자연손톱의 경계선을 파악한 뒤 연장된 프리에지를 안전하게 잘라내시오.
④ 자연손톱과 주변에 상처가 나지 않도록 유의하여 인조손톱의 표면 두께를 적당히 갈아(파일링)내시오.
⑤ 아세톤을 적신 솜을 올리고 호일로 감싸듯 마감하시오(단, 피부의 보습을 위하여 큐티클 오일을 사용하여야 하며, 젤의 종류에 따라 쏙오프 과정을 생략할 수 있습니다).
⑥ 일정한 시간이 흐른 후 녹은 부분을 적절히 제거하시오(단, 젤의 종류에 따라 쏙 오프 시, 호일마감 과정을 생략할 수 있습니다).
⑦ 손톱면과 주변의 잔여물을 깨끗이 제거하시오.
⑧ 자연 손톱의 프리에지 모양을 라운드 혹은 오벌(Oval)로 완성 후, 표면을 매끄럽게 정리하시오.
⑨ 손과 손톱 주변의 먼지를 깨끗이 제거하시오.
⑩ 핑거 볼, 네일 더스트 브러시, 멸균거즈, 큐티클 오일 등을 사용하시오.
⑪ 네일 더스트 브러시는 멸균거즈 등으로 물기를 완전히 제거한 후 사용하시오.

수험자유의사항

① 인조손톱의 두께를 파일링으로 제거할 시, 자연손톱과 주변에 상처가 나지 않도록 유의하시오.
② 자연네일 파일링 시, 문지르거나 비비지 말고 한쪽 방향으로 파일링하시오.
③ 모델의 손과 손톱에 지저분한 큐티클 및 거스러미, 먼지나 분진이 없도록 항상 깨끗이 정리하시오.
④ 필요 시 요구사항의 ④와 ⑤의 과정을 반복할 수 있으며, 우드 스틱, 메탈 푸셔, 파일 등은 선택하여 중복 사용하시오.
⑤ 제거 작업 시, 전동 파일 기기(전기 드릴 기기)는 사용할 수 없습니다.
⑦ 마무리 작업 시 핑거 볼, 멸균거즈, 큐티클 오일 등을 사용하시오.
⑧ 큐티클 니퍼, 큐티클 푸셔, 클리퍼, 네일 더스트 브러시, 오렌지우드 스틱(푸셔용) 등은 알코올 소독 용기에 담그어 두어서 사용하시오.

1 손 소독하기(수험자+모델)

화장솜에 소독제를 분무하여 수험자의 양 손과 손등, 손바닥 등을 소독하고 인조네일이 시술된 모델의
오른쪽 손과 손등, 손바닥, 손가락 등을 골고루 깨끗이 소독한다(❶~⓮).

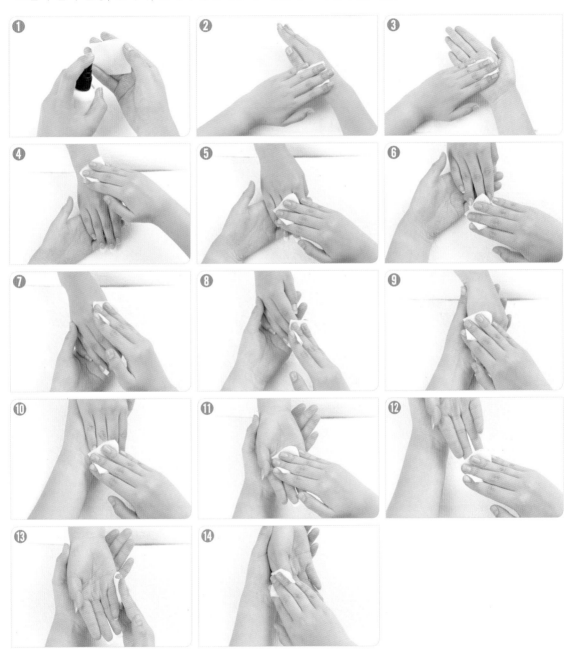

2 프리에지 자르기

소독용기에서 꺼낸 클리퍼는 멸균거즈로 물기제거 후, 인조손톱 양 끝의 사이드에서 반대편 사이드로
조금씩 자르며 이동한다(❶~❾).

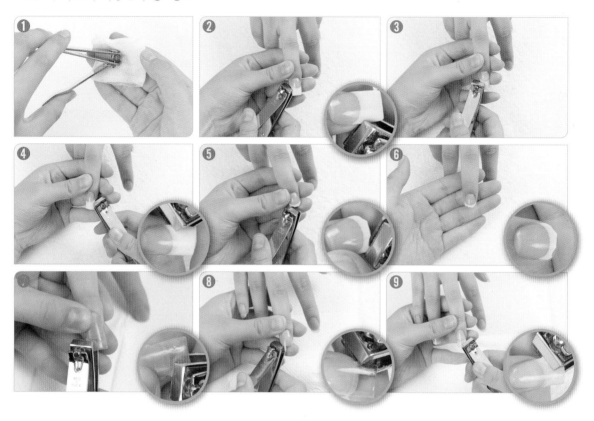

3 인조손톱면 두께 제거 및 큐티클 오일 바르기

• 인조손톱의 표면을 파일(100그리트)로 자연손톱이 손상되지 않도록 적당히 갈아서 두께를 제거한다
(❶~❸).

• 적절히 제거된 인조손톱의 먼지, 분진 등을 소독용기에서 꺼낸 후, 멸균거즈로 닦은 더스트 브러시로
털어주고 인조손톱의 보습을 위해 큐티클 오일을 도포한다(❹~❻).

4 쏙 오프 및 잔여물 제거하기

퓨어 아세톤을 이용한 솜 올리기로서 화장솜에 퓨어 아세톤을 적셔 중지의 손톱면 위에 올린 뒤 호일로
감싸 7~10분 정도 기다린다(❶~❺).

> ✔ **주의**
>
> ＊ 쏙 오프 시, 잔여물이 완전히 제거되지 않으면 제거될 때까지 반복하여 작업한다.

> **소프트 젤 제거 - 쏙 오프 젤**
> • 플라스틱 재질로 되어있는 소프트 젤은 100% 아세톤으로 제거할 수 있다.
> • 젤 네일은 파일이나 드릴(최저 2,000rpm)을 이용하여 광택을 제거하고 두께를 갈아낸 후, 아세톤 원액을 적신 솜을 인조
> 네일에 얹고 10~15분 정도 호일로 감싸둔다.
>
> **하드 젤 제거**
> • 아세톤에 반응하지 않는 하드 젤은 네일 드릴과 파일로 갈아내어야 한다.
> • 최저 2,000 ~ 20,000rpm의 속도를 가진 네일 드릴을 이용하여 젤 네일의 표면을 제거한다.
> • 네일 드릴은 서비스 시간을 단축시킬 수는 있으나 자연네일의 손상 위험도가 높아 시술자의 숙련도가 요구된다.

5 인조네일 제거하기

7~10분 경과 시 호일을 벗긴 후 얹은 솜을 이용하여 인조손톱면을 닦고 오렌지우드 스틱을 이용하여 잔여물을 제거한다(❶~⓫).

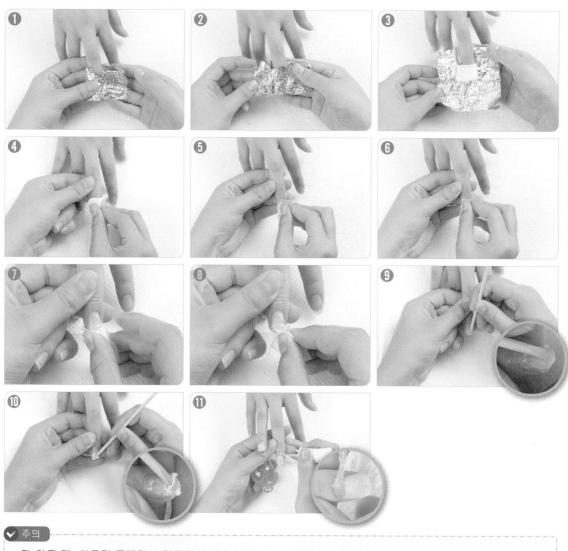

6 손톱모양 만들기 및 표면 정리하기

파일(180그리트)을 이용하여 자연손톱의 모양을 라운드(또는 오벌)형으로 다듬어 준 후, 프리에지를 라운드로 파일링하고 샌딩버퍼를 이용하여 손톱면을 매끄럽게 버핑한 다음 더스트 브러시로 먼지나 분진을 털어낸다(❶~❽).

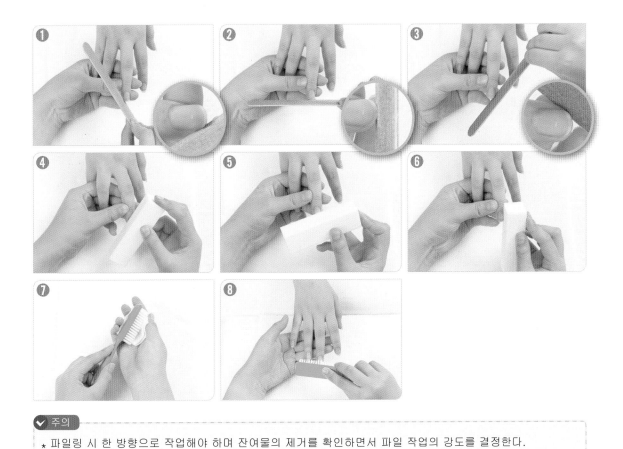

★ 파일링 시 한 방향으로 작업해야 하며 잔여물의 제거를 확인하면서 파일 작업의 강도를 결정한다.

7 큐티클 오일 바르기 및 푸셔

큐티클에 오일을 바르고 오렌지우드 스틱을 사용하여 큐티클 주위와 프리에지 밑 부분의 이물질을 제거한다(❶~❻).

- 광택파일을 사용하여 손톱에 문질러 광택을 낸다(선택사항이므로 채점과는 무관함)(❼~❾).

8 마무리하기

멸균거즈를 사용하여 손등과 손톱면, 측면(그루브), 손톱 밑에 있는 먼지를 제거한다(❶~❻).

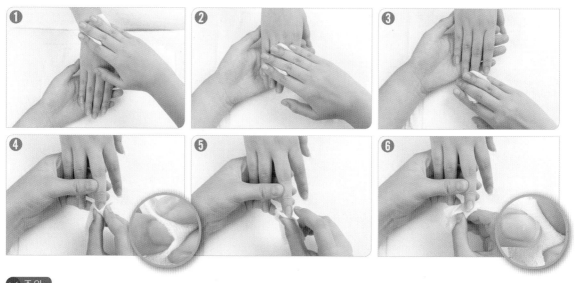

✔ 주의
* 사용한 멸균거즈는 즉시 위생봉투에 버린다.
* 먼지제거를 위해 핑거 볼을 사용하여 세척할 수 있다.

> **인조네일 제거 완성**

> **정리해보기**

인조네일 제거 절차

손 소독(수험자+모델) → 프리에지 길이 자르기 → 인조손톱 면 두께제거 및 큐티클 오일 바르기 → 쏙 오프 및 잔여물 제거하기 → 인조네일 제거하기 → 손톱 모양만들기 및 표면 정리하기 → 큐티클 오일 바르기 및 푸셔

작업대 정리하기

- 사용한 제품의 용기 뚜껑을 잘 닦아준다.
- 사용한 재료 및 도구들은 위생적으로 처리하여 정리대에 보관하여 주변을 정리한다.
- 덜어서 사용하고 남은 제품은 개수대에 흘려보내지 않고 페이퍼 타월이나 휴지에 흡수시킨 후 디펜디쉬를 세척해 둔다.
- 오렌지우드 스틱은 1회용이므로 사용 후 위생봉투에 폐기 처리한다.
- 사용된 소모품 및 오물들은 반드시 위생봉투에 넣어 폐기 처리한다.

제4과제 인조네일 제거

MEMO

최근 국가기술자격 CBT 상시시험 합격을 위한 최선의 선택·최고의 교재

미용사 일반
필기시험 최종마무리

☑ 출제경향을 바탕으로 정리한 꼭 필요한 알짜배기 핵심이론 수록!

☑ 정확하고 자세한 설명과 함께하는 기출문제 풀이 10회 제공!

☑ CBT 완벽 대비 상시시험 복원문제 및 적중문제 전격 수록!

☑ 저자가 직접 풀이해주는 상시시험 적중문제 동영상 강의 제공!

한국미용교과교육과정연구회 지음
8절 | 170쪽 | 15,000원

2018·2020 미용 분야 베스트 도서
2021 최신개정판
미용 관련 학교·학원 지정 교재

한국산업인력공단 출제기준 100% 반영 합격 수험서!

미용사 일반
필기시험 최종마무리
한국미용교과교육과정연구회 지음

최근 국가기술자격 CBT 상시시험 합격을 위한
최선의 선택·최고의 교재!

최근 국가기술자격 CBT 상시시험 합격을 위한 최선의 선택·최고의 교재!

| 필기부터 실기까지 완벽하게 대비하는 **합격 수험서** | 최근 출제 경향에 따라 연구·개정하는 **최신 수험서** | 합격을 위한 모든 것을 제공하는 **알찬 수험서** | 출제기준을 철저하게 분석 및 체계화한 **표준 수험서** |